Intellectual Key Technology of
High-Speed Motorized Spindle

高速电主轴
系统智能化
关键技术

范丽婷　著

化学工业出版社

·北京·

内容简介

本书详细介绍了高速电主轴系统智能化技术中的故障诊断和预测维护方法，探讨通过实时监测电主轴的运行状态和数据分析，对电主轴的故障进行诊断和预测，提高设备的可靠性和可维护性。针对电主轴运行初期性能退化呈现隐含退化的特点，本书通过理论阐述和实践案例相结合的方式，开展电主轴可靠工作时间预估与故障隐患预判研究，为相关领域的研究者、工程师和企业提供指导和参考。

图书在版编目（CIP）数据

高速电主轴系统智能化关键技术/范丽婷著. —北京：化学工业出版社，2023.12
ISBN 978-7-122-44294-9

Ⅰ.①高… Ⅱ.①范… Ⅲ.①主轴系统-智能技术
Ⅳ.①TH133.2

中国国家版本馆 CIP 数据核字（2023）第 190467 号

责任编辑：金林茹　　　　　　　　　文字编辑：张　琳
责任校对：刘曦阳　　　　　　　　　装帧设计：王晓宇

出版发行：化学工业出版社
　　　　　（北京市东城区青年湖南街 13 号　邮政编码 100011）
印　　装：北京天宇星印刷厂
710mm×1000mm　1/16　印张 13¼　字数 236 千字
2024 年 2 月北京第 1 版第 1 次印刷

购书咨询：010-64518888
售后服务：010-64518899
网　　址：http://www.cip.com.cn
凡购买本书，如有缺损质量问题，本社销售中心负责调换。

定　　价：128.00 元

前言
PREFACE

　　高速电主轴是一种具有高精度控制技术、高效率驱动技术、智能化控制技术、高可靠性设计技术、低噪声和低污染设计技术等先进技术特点的机床主轴。其中，高速电主轴的故障诊断和预测维护功能是其重要的技术特点之一。本书将围绕高速电主轴的故障诊断和预测维护功能展开研究和探讨，内容涵盖以下几个部分。

　　第一部分：电主轴的工作原理与仿真建模技术。主要介绍电主轴系统的组成、分类和技术参数，分析电主轴的工作原理和常见故障等内容。本部分还将介绍电主轴多域仿真建模技术的设计和实现。

　　第二部分：电主轴驱动系统的故障建模与退化评价研究。主要介绍将多领域仿真应用于电主轴驱动系统的三种典型故障中的方法，三种故障分别是驱动器的主电路故障、执行器定子绕组匝间短路故障和执行器转子断条故障。本部分还针对驱动控制系统隐含退化性能评价问题，提出了基于隐含退化量的控制系统性能评价方法。

　　第三部分：电主轴冷却系统的特性分析与退化评价研究。从冷却通道堵塞的角度分析了电主轴冷却系统的性能退化机理，确定了性能等级参数。从热源、发热量和传热机制的角度构建了冷却系统机理模型。建立了电主轴冷却系统偏最小二乘性能评价模型，利用偏最小二乘法的辅助分析功能对模型进行分析。

　　第四部分：电主轴运行状态综合评价与故障隐患预判研究。主要分析影响电主轴运行状态的主要指标，建立优化组合权重的运行状态评价模型，对电主轴的运行状态评价方法展开研究。本部分还将针对电主轴运行初期性能退化呈现隐含退化的特点，开展电主轴可靠工作时间预估与故障隐患预判研究。

　　本书基于笔者近些年发表的论文整理而成，并得到了辽宁省教育厅自然科学基金项目的资助，在此表示感谢！

　　由于笔者水平有限，书中难免有疏漏之处，恳请读者提出宝贵意见。

著者

目 录
CONTENTS

绪论 …………………………………………………………………………… 001

　0.1　研究背景和研究意义 …………………………………………………… 001

　0.2　国内外研究现状 ………………………………………………………… 003

　0.3　本书的主要内容 ………………………………………………………… 008

第1章　电主轴的工作原理 ……………………………………………………… 010

　1.1　电主轴系统的组成 ……………………………………………………… 010

　　1.1.1　电主轴的结构 ……………………………………………………… 010

　　1.1.2　电主轴的分类 ……………………………………………………… 012

　　1.1.3　电主轴的技术参数 ………………………………………………… 013

　1.2　电主轴系统的工作原理 ………………………………………………… 015

　　1.2.1　驱动系统工作原理 ………………………………………………… 015

　　1.2.2　冷却系统工作原理 ………………………………………………… 020

　　1.2.3　润滑系统工作原理 ………………………………………………… 021

　1.3　电主轴系统的常见故障 ………………………………………………… 024

　　1.3.1　电气部分故障 ……………………………………………………… 025

　　1.3.2　机械部分故障 ……………………………………………………… 026

第2章　电主轴驱动系统与多域仿真建模技术 ………………………………… 027

　2.1　电主轴驱动系统执行器 ………………………………………………… 027

　　2.1.1　电压方程 …………………………………………………………… 029

　　2.1.2　磁链方程 …………………………………………………………… 030

　　2.1.3　转矩方程 …………………………………………………………… 032

　　2.1.4　运动方程 …………………………………………………………… 032

　2.2　电主轴驱动系统控制器 ………………………………………………… 033

　　2.2.1　恒压频比控制 ……………………………………………………… 033

2.2.2　矢量控制 ·· 040

2.2.3　直接转矩控制 ·· 043

2.3　多域仿真建模平台 ··· 044

2.3.1　物理系统建模软件 Simscape ······················· 044

2.3.2　控制系统仿真软件 Simulink ························· 045

2.3.3　有限元理论及应用软件 Ansys-workbench ········· 048

第3章　电主轴驱动系统故障建模技术 ······················· 050

3.1　变频器主电路故障建模与仿真分析 ······················· 050

3.1.1　变频器主电路的数学模型 ···························· 052

3.1.2　变频器与 PWM 波生成器 ···························· 054

3.1.3　主电路故障仿真分析 ································· 063

3.2　定子绕组匝间短路故障 ·· 071

3.2.1　定子绕组匝间短路故障的机理分析 ··············· 072

3.2.2　矢量控制原理及其数学模型 ······················· 077

3.2.3　定子绕组匝间短路故障仿真分析 ·················· 081

3.3　转子断条故障 ·· 090

3.3.1　电主轴驱动系统电磁-温度场基本理论 ··········· 090

3.3.2　电主轴驱动系统的多物理场耦合模型 ············· 097

3.3.3　转子断条故障的仿真分析 ···························· 105

第4章　电主轴驱动系统性能退化评价研究 ··················· 110

4.1　电主轴驱动系统退化机理分析 ································· 110

4.1.1　IGBT 对电主轴性能影响 ···························· 111

4.1.2　IGBT 退化机理分析 ································· 111

4.2　基于隐含退化量的评价指标特征提取 ······················· 113

4.2.1　控制系统的数学模型 ································· 113

4.2.2　模型参数的特征提取 ································· 117

4.2.3　评价指标的建立 ······································ 120

4.3　驱动系统的性能评价仿真分析与实验验证 ··················· 121

4.3.1　仿真模型的搭建 ······································ 121

4.3.2　模型参数的影响分析 ································· 122

4.3.3　过流冲击实验 ··· 126

  4.3.4 剪断键合线退化实验 ·· 130

第5章 电主轴冷却系统特性分析 ·································· 136

 5.1 冷却系统结构及工作原理 ·· 136

 5.2 电主轴生热及换热过程机理 ·· 137

  5.2.1 电主轴损耗及生热分析 ·· 137

  5.2.2 电主轴系统的换热机制 ·· 139

  5.2.3 电主轴温度场有限元基本方程 ·································· 142

 5.3 冷却系统性能退化原因 ·· 145

第6章 电主轴冷却系统性能退化评价研究 ·················· 147

 6.1 电主轴冷却系统性能退化实验 ······································ 147

  6.1.1 温度测点的布置 ·· 147

  6.1.2 性能等级的划分 ·· 148

  6.1.3 实验数据的获取与处理 ·· 148

 6.2 基于偏最小二乘法的冷却系统性能评价 ·························· 151

  6.2.1 偏最小二乘回归建模流程 ··· 152

  6.2.2 自变量多重相关性分析 ·· 156

  6.2.3 数据奇异点诊断 ·· 156

  6.2.4 评价模型分析 ··· 158

 6.3 基于 Fisher 判别的冷却系统性能评价 ···························· 163

  6.3.1 Fisher 判别性能评价方法 ··· 163

  6.3.2 评价方法的对比与分析 ·· 166

第7章 高速电主轴系统的运行状态综合评价 ·················· 169

 7.1 运行状态评价指标体系的建立 ······································ 170

  7.1.1 评价指标权重的确定 ··· 171

  7.1.2 数据特征的提取与匹配 ·· 176

 7.2 基于多元数据统计分析的运行状态评价模型 ···················· 176

  7.2.1 距离判别准则 ··· 176

  7.2.2 离线数据状态等级识别 ·· 177

  7.2.3 在线数据状态等级评价 ·· 179

第 8 章　电主轴系统的可靠工作时间预估与故障隐患预判·························182

　8.1　电主轴系统的可靠工作时间预估 ······································182

　　8.1.1　电主轴系统的可靠工作时间预估流程 ·····················182

　　8.1.2　电主轴性能退化模型···183

　　8.1.3　电主轴系统的可靠工作时间预估方法 ·····················187

　8.2　电主轴系统的故障隐患预判 ·······································191

　　8.2.1　故障隐患预判技术与方法 ····································191

　　8.2.2　电主轴系统的故障隐患预判步骤 ·····························193

参考文献 ··199

绪论

0.1 研究背景和研究意义

数控机床是机械制造行业的"工作母机",其制造水平的高低是一个国家制造能力强弱的表现,是一个国家工业水平与综合国力的象征。随着我国科学技术的高速发展,从 2002 年开始我国金属切削机床生产额与消费额就位列世界第一。虽然我国的数控机床行业目前正在不断地向前发展,响应"智能制造 2025"规划,数控机床国产化率逐年攀升,但是多数的高档精密数控机床仍然依赖进口。我国高端数控机床起步较晚,稳定性及精度保持性与发达国家仍有较大差距。为此国家出台了《国家中长期科学和技术发展规划纲要(2006—2020 年)》,将数控机床作为未来发展研究的重大科技领域,并且将数控机床及其功能部件的可靠工作时间列为重大专项的重要研究内容。

数控机床是集机、电、液、气于一体的复杂系统,各个子系统之间具有非常强的耦合作用,因此电主轴(图 0.1)如果突发系统故障,将会连带影响其余子系统的运转,最终会导致整个机床停机。一方面影响生产进程导致生产效率的下降;另一方面故障点排查是一个大工程,非常困难,导致维修时间、维修费用的增加,最终导致生产过程中成本消耗的增加。对电主轴实施一定的健康维护,可以保证电主轴处于健康状态,避免发生故障。然而,如果维护过于频繁则影响正常的生产加工。

图 0.1 电主轴

本书所做的研究内容是故障预测与健康管理（prognostic and health management，PHM）的部分内容，主要做可靠工作时间预估与故障隐患预判。

电主轴可靠工作时间（reliable running time，RRT）预估与故障隐患预判研究作为故障预测与健康管理的主要研究内容，与传统可靠性研究相比更加实时、精确，因而成为目前研究的热点与潮流。电主轴的故障预测与健康管理（PHM）是对电主轴进行全面的状态监测、特征提取和健康预测及健康状态管理技术。它的作用不仅仅是直接消除故障，而是了解和预报电主轴系统的健康状态，预测何时可能发生故障隐患，从而实现电主轴系统的自我智能化，降低使用和保障费用的目标。电主轴的可靠工作时间预估就是在正常工作状态下预估未来可能的剩余可靠工作时间（RRT）。电主轴的故障隐患预判即预判出所监测的部件的数据信息在未来哪一个或哪几个可能会超过正常工作范围。对于电主轴系统而言，对电主轴故障隐患的预判与可靠工作时间的预估研究是通过健康预测，减少设备运转过程中出现故障的可能性，提高任务的成功率；通过健康感知，增加视情维护，减少事后维修，防止出现机器故障停机大修的情况，缩短维修时间，提高电主轴的完好率；通过健康预测，减少维修人力物力等资源需求，减少维修保护费用。

综上所述，在电主轴运行过程中利用多传感器监测主轴的状态参数，运用数据处理方法对采集的数据进行综合分析并实现电主轴健康状态评估，是制订电主轴维修决策的前提，对主轴健康管理技术的发展、可靠性水平的提升都具有重要意义，同时也能够为电主轴、数控机床的智能化发展提供技术支持。

对于电主轴来说，进行 PHM 建模就是对电主轴驱动单元的运行工况信息进行监测，然后进行综合分析，通过某些监测指标的变化对电主轴设备的安全运行进行检测，搜寻和提取隐藏于大量状态监测信息和失效数据中能表征电主轴健康状态的有效信息，并依靠监测传感器和有效方法利用这些有效信息来预测电主轴当前的健康状态，建设电主轴系统的全生命周期健康模型，给电主轴的维修决策提供理论指导，从而进行理论中的基于状态监测的视情维修。健康指数是用来衡量和表征设备健康状态的一个量化数值，可以用来作为衡量电主轴的特征参数。可以通过当前执行机构的健康指数来评判设备目前所处的状态，然后采取相应的措施，参考历史检测数据和实时状态信息，拟合出健康指数随时间的状态变化趋势，得到电主轴的生命周期曲线，进行电主轴的故障时间和剩余可靠工作时间的预测，从而提前进行设备的检修与维护，做到视情维修，防止设备故障，节省人力物力与财力；做到对电主轴系统的全方位健康管理，从而有效地提高电主轴的稳定性。通过健康指数来做电主轴的故障隐患预判与可靠工作时间预估的研究具有创新性、综合性，对未来的研究也具有一定的借鉴意义，因此，该研究内容具有非常大的研究价值。

0.2 国内外研究现状

基于故障统计的分析方法在分析解决系统的剩余使用寿命预测问题时取得了一系列的成果，然而，在可靠工作时间预估时应考虑闭环控制系统的作用，对闭环控制系统进行可靠工作时间预估的研究还是一张白纸。电主轴既包括变频器又包括主轴电机，变频器作为控制器，而主轴电机作为执行器是一个复杂的闭环的控制系统，正是由于控制系统中闭环反馈这一环节，使得电主轴刚开始运行时一些微小的性能退化特征很难被察觉到，本书称之为隐含退化量，隐含退化量给可靠工作时间预测带来一定的困难。电主轴的故障预测与健康管理的系统建模是指通过数据采集、数据处理、模型建立，完成对观测对象健康状态及剩余可靠工作时间预估的模型。具体建模方法是收集与处理和健康状态相关的一些监测数据集，然后进行特征参数的筛选与提取，得到特征参数与电主轴之间的映射关系，获得性能退化模型，通过得到的性能退化模型进行当前的健康状态预测和未来可靠工作时间预估。

在剩余寿命预测方面，之前的求解可靠性的方法都是通过获得设备失效寿命数据得到其失效分布函数来进行可靠度求解的，但是随着我国数控机床行业的不断向前发展，电主轴已经向着长寿命、高可靠度、高精度方向发展，要想获得其失效寿命数据就变得非常困难，所以对电主轴进行可靠性推断就会变得非常困难。因此，对于当前可靠度要求较高、寿命较长的电主轴，就必须采用故障预测与健康管理（PHM）来研究设备的"健康状态"。此概念起源于生物领域，是对传统的"正常-故障"这种利用二值函数描述系统状态的完善，将设备的状态分为多个等级。20世纪80—90年代，美国将"健康管理"引入到设备的维护与保障领域，随着故障预测的引入与发展，逐步形成了较为完整的故障预测与健康管理技术。要进行故障预测与健康管理就要运用各种类型的传感器来采集系统的各种数据信息，同时将得到的信息进行特征参数提取，建立能够表征设备健康状态的健康模型，来预估设备当前的健康状态，在当前状态下预测未来的失效时间节点，获得可靠工作时间，进行故障隐患追溯，并联合之前取得的各种故障信息来进行故障预警，提前维修检测，从而完成系统的视情维修。在对设备进行健康评估时，一种方式是用等级制来表示设备的健康状态，如健康、良好、亚健康、恶化、故障等；另外一种是侧重于描述系统整体由健康逐渐退化到失效过程趋势的反应。在基于状态分级的健康评估中，不同健康程度下的状态参数通常具有相应的阈值范围，可以根据阈值确定健康状态程度。然而在多个状态参数的判定结果中可能存在一定冲突，因而常对各个参数指标给予相应的权重，再对各指标综合分析实现对设备的整体健康状态评估。对健康状态趋势的评估中，主要通过一定的算法将采集的原始数据逐级处理，计算出一个综合健康指数（health index，HI）来反映健康状态的变化。从传统的可靠性研究到现在的故障预测与健康管理（PHM）是发展的趋势。Guo 通过神经网络智能算法来对轴承的生命周期数据集进行训练，然后求出健康指数，得到了轴承的剩余使用寿命。Zhao 等采用支持向量机回归的方法实现了对发动机的剩余使用寿命预测。Chen 等采用粒子滤波智能优化算法，通过采集轴承数据作为先验分布，然后经过不断地更新拟合预测数据的后验分布，来做轴承的剩余使用寿命预测。冯磊等采用半随机滤波-期望最大化的方法来做剩余寿命预测。翟利波等提出一种时间序列分析理论，对振动烈度数据进行平稳建模，然后依靠卡尔曼预测递推方程进行预测，再对振动烈度进行预测，从而进行剩余寿命预测。Escobet 等使用 AR 模型来做输送带系统的剩余寿命预测。Meeker 等采用非线性混合效应模型来建立机械的性能退化过程，然后通过蒙特卡罗法来做剩余寿命分布预测。林伟杰针对退化状态数据存在认知不确定性的情况，开展基于信念粒子滤波算法的设备剩余寿命预测。

在可靠性评估方面：目前已经有非常多的专家学者对电主轴的可靠性与剩余寿命做出了很多的研究，包括无故障数据的、基于电主轴性能退化数据的、基于电主轴故障失效数据的等，但大多数都基于某关键参数来做电主轴的剩余寿命方面的预测，缺乏综合全面的健康状态评估。在无故障数据时，蒋喜等基于 Bayes 法获得电主轴的剩余寿命，然后使用虚拟增广样本法进行样本扩容，由此来做电主轴的可靠性研究，取得了一定的研究成果，并验证了合理性；文献也对 Bayes 法做了深入的研究拓展及应用；张朋等提出了使用马尔科夫链的蒙特卡罗法（MCMC）来对多层贝叶斯做后验失效概率估计，解决了无失效寿命数据的难题，取得了一定的研究成果，并通过实例验证了该方法的可行性。在电主轴性能退化数据方面，邱荣华等基于监测电主轴的轴端径向跳动量的退化数据，找到了退化数据集和电主轴可靠性的相关联系，建立了可靠度模型，得到电主轴的使用寿命；迟玉伦等将声发射信号作为机床主轴的性能检测量，建立电主轴系统的退化模型，得到其失效寿命，后面又应用虚拟增广样本法扩增数据集，然后对电主轴进行可靠性评估。在有电主轴故障失效数据时，赵金萍等对故障数据进行了数据收集与数据的处理，得到了特征参数与设备健康状态之间的联系，通过数据拟合得到失效分布函数，结果证明它服从韦布尔分布，后面通过实例验证了该方法的有效性并获得了电主轴的可靠度等评估指标；杨斌首先建立了多个性能退化量的可靠性回归模型，然后又通过卡尔曼滤波完成多个可靠性回归模型的融合，得到融合可靠性模型来完成电主轴的可靠性评估，并且此方法避免了传统可靠性评估工作中缺乏失效数据因而无法展开分析的问题，还为未来做加速试验下的可靠性评估工作的学者提供了借鉴；Si 等提出了基于健康指标的电主轴可工作时间预估框架，并通过一个实例验证分析，证明了所提方法的科学有效性；朱德等通过加大载荷应力的方式建立起电主轴加速寿命试验模型，进行了恒定应力加速寿命试验，最终计算出基准载荷下电主轴的可靠性寿命；刘智键等提出了一种基于蒙特卡罗模拟仿真的机床主轴可靠度求解方法，判断数控机床运行状态下主轴的可靠性，实验数据结果分析表明，该方法可以有效地进行机床主轴可靠性预测，验证了方法的可行性。

在故障预测与健康管理（PHM）方面，英国与美国所取得的成果较多。美国和英国 PHM 技术研究起步较早，所得到的数据集比较多，因而具有领先优势。随着智能化的发展，PHM 技术已经成为设备智能化发展的重要标志，并被广泛地应用于航空、航天等领域。Schwabacher 采用数据驱动的优化算法来做剩余寿命预测与故障追溯，将数据驱动分为了传统数值方法和机器学习的方法。Heimes 采用了递归神经网络的方法来预测剩余有效寿命，并对神经网络进行了大量的训练，然后又使用卡尔曼滤波方法对前面所得到的各种退化模型进行深度融合，得到更加精确的模型来进行剩余寿命预测。Babu 等做了神经网络的剩余可靠工作时间预测的研究，并在机床电主轴性能退化仿真数据集上进行了有效验证。我国的故障预测与健康管理技术起步较晚，研究对象主要集中于飞机、直升机。我国重要的设备和一些基础设施大多数采用了实时状态监测技术，为系统剩余有效时长预估与故障隐患预测提供数据信息，使得基于状态监测的故障诊断技术有了用武之地。故障预测与健康管理技术主要对关键部件作用，目前有一定的进展。但是，对于设计复杂的大型工业设备，目前的故障预测技术还发挥不了实际作用，但是也有一些应用在航空飞机等设备上并取得了一些成果，为故障预测与健康管理提供了一些信息。

在健康指数（HI）方面的研究集中于电池剩余寿命和电路设备方面。电池剩余寿命研究方面，鲁照权等提出了基于健康因子的锂电池电量估算，并通过仿真验证了该方法具有很高的有效性；庞景月等通过监测离子电池充放电参数构建了健康因子，来代表锂离子电池的健康状态，然后做剩余寿命预测，通过实例验证该方法可以用来做锂离子电池的剩余寿命预测。在电路设备方面，张凤霞等通过构架轨道电路设备的健康指数来做剩余寿命预测，通过一个例子做了相关验证，并为相关维修部门开展设备的状态检修提供理论依据；史常凯等通过实时监测构建了设备实时健康指数来量化配电网风险量的健康模型，后面又通过算例表明了所提方法可以有效获得故障时间点，由此证明了该评估方法的可靠性和有效性，并为以后的研究提供理论依据；杨春波等提出了基于综合健康指数的设备健康状态评估模型，后面通过实例分析该方法具有有效性与合理性；Jia 等提出了基于隐含退化量的映射模型来做电主轴的故障诊断研究，取得了一定的研究成果；Gerber 等设计开发了一种自动计算设备健康指数的方法，并且在风机实验台上得到了验证。在维修决策方面，基于状态的维修（CBM，condition based maintenance）是当前的最新型维修策略，CBM 的核心就是能够准确地对产品进行故障预测。产品的维修方式经历了三个阶段：事后维修、定时维修和视情维修。第一次工业革命时期，蒸汽机的出现使世界进入了大机器时代，当时的蒸汽设备只有突发故障后才会进行维修，因此称之为事后维修。第二次工业革命时期，电力设备出现，设备更加精良，效率更高，产量也更大，在生产领域中是重要的生产主力，此时为了使设备能够 24h 不间断运行就必须对设备进行提前的维护保养，这便是预防性维修。目前使用的是定时维修，即每过一定的时长就对设备进行一次维修保养。虽然定时维修能够避免故障发生，但是维修次数过多，浪费人力物力财力，并非最优选择，而且成本太高。维修决策划分如图 0.2 所示。

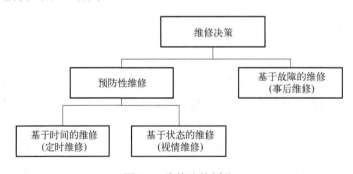

图 0.2   维修决策划分

维修决策优化是目前的研究热点，也就出现了基于状态的维修。顾名思义，基于状态的维修就是根据设备的状态信息来预判未来的健康状态。当前基于状态的维修的预测技术已经成为了维修决策优化的重点研究方向，并且能准确地了解设备未来可能发生故障的时间，进行健康状态评估及剩余可靠工作时间（RRT）预测等，因此，准确预测设备即将发生故障的时间，是基于状态维修的核心内容。图 0.3 表明了可靠工作时间、健康状态与维修成本之间的关系。

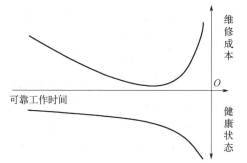

图 0.3 可靠工作时间、健康状态与维修成本之间的关系

从图 0.3 中可以看出，随着健康状态的降低，可靠工作时间也随之降低，慢慢趋近于 0。而维修成本则是随着健康状态的降低先降低再升高，这是因为刚买来的新设备有一个初始故障期到偶发故障期再到耗损故障期这样一个过程。维修成本也符合浴盆曲线的特点，浴盆曲线图如图 0.4 所示。

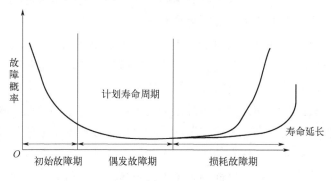

图 0.4 浴盆曲线图

初始故障期：这一阶段发生的故障主要是因为设计、制造、安装、调试、试验等造成的，是设备的潜在危害，因此及早发现显得极为重要。

偶然故障期：这一阶段是设备在经过一段时间的磨合后出现的故障。从图中可以看出，该阶段出现故障的概率偏小，但仍不失为我们研究的重要环节。

耗损故障期：从图中可以看出这一阶段的电主轴经过长时间的运行，已经接近预期使用寿命，电动机的各个零部件老化加剧，故障率提高，因此这一阶段也非常重要。

与国外取得的成果相比，我国在机床电主轴故障预测与健康管理技术的研究方面还稍显薄弱。我国的机床经历了外购、反测量仿制再到自主设计研发的过程，目前我国的机床设备已经很优秀，但是在精度方面还有非常大的进步空间，并且在故障预测与健康管理方面还有待进一步研究。目前我国已经认识到数控机床故障预测与健康管理（PHM）的重要意义，并将机床电主轴 PHM 作为接下来发展的重要方向。许多专家学者也在这个方向上做着不懈的努力，但是由于我国相关研究开始得较晚，所以缺乏统计数据集，但是未来一定会在数控机床故障预测与健康管理方面有所突破。由于电主轴是一个拥有长寿命的设备，所以电主轴方面的统计数据也是非常缺乏的，虽然目前我们可以通过对电主轴进行实时状态监测来获取统计数据，但也是一个非常漫长的过程，需要进行长期的监测，然后再通过数据集的数据处理，得到和电主轴性能退化相关的特征参数，通过建立相关的数学模型，来做故障预测与健康管理。下面总结国内目前的研究现状与不足。

① 首先数控机床状态监测技术需要向前发展，这是接下来做故障预测与健康管理的基础和前提。而状态监测技术的发展离不开传感器的发展，所以传感器的研究与发展也就成了目前的工业领域的热门行业。再一个就是得到了监测数据集以后的数据处理也是非常重要的，同时也是一个难点。首先数据处理与分析必须快、准、狠，这对计算机的要求就非常高。同时还得能够从大量的数据集中得到有用的信息，这一点很重要，必须得是有效信息才有用。

② 故障诊断也是目前我们的薄弱环节。虽然目前国内在机床电主轴故障诊断方面研究十分广泛，涵盖了多个领域，比如机械部分故障、电路部件性能下降、传感器故障、控制系统执行机构损耗等，所采用的方法也丰富多样，包含了基于模型的方法、数据驱动的方法，但是由于电主轴是一个集机、电、液于一体的高可靠性的设备，因此一个部位的突发故障不仅仅会致使本子系统故障，也经常会导致其它子系统功能或者状态的改变，也就给我们的故障诊断带来了难题，无法准确地判断出故障的源头。目前国内用得比较多的方法就是通过数据融合的方法来提高故障诊断的准确率。回归第一个问题，电主轴状态监测数据集的缺乏导致不能对这个方法做有效的验证，还处于理论阶段。

③ 预测技术是 PHM 的核心，因此是我们研究的重点。对于采用数据驱动或者基于经验的方法，国内已经有了很多研究，比如采用神经网络、支持向量机、随机过程模型等，但这些研究大多是通过对单个机床电主轴参数进行预测来确定机床电主轴可靠工作时间的，可以说，与真正能够用于机床电主轴运行规划和维修决策的可靠工作时间预测还相差很远。

0.3　本书的主要内容

电主轴故障隐患预判与可靠工作时间预估主要包括两方面的内容：一是可靠工作时间预估；二是故障隐患预判。可靠工作时间预估：如图 0.5 所示，即在当

前时刻 t 正常工作状态下预估未来可能发生失效的时间节点 t_1 与 t 的差值 Δt，Δt 就是我们所要求的可靠工作时间（reliable running time，RRT）。故障隐患预判：即预计诊断部件或系统完成其功能的结果，预计部件的性能下降或临近故障情况，当未来时刻故障突然发生时，回来追溯是所监测的信号中哪一个导致的故障。

可靠工作时间预估，采用基于贝叶斯估计的方法进行。其将电主轴的性能退化当作一个随机过程，然后通过贝叶斯估计的基本原理来进行预测与更新。使用该方法的优点有：通过贝叶斯估计得到后验估计值，通过不断地更新与预测，能够得到电主轴的可靠工作时间是一个动态的过程，在得到可靠工作时间的同时还能求得它的概率密度，相比于只得到一个时间点，这种带有概率密度的时间点可信度更高。

故障隐患预判，通过设备实时监测，判定系统或者是某一部分存在异常与否，判断出位置和原因，根据其发展的趋势，预测未来状态。故障隐患预判技术的内容包含监测设备、建立模型和故障追溯三个方面，而具体的操作步骤主要包括以下四部分。

① 信号采集：通过对电主轴添加各种类型的传感器来采集电流、振动、电压和温度等参数的变化。

② 特征提取与信号处理：对于通过监测得到的信号，通过一定的方法进行信号的特征提取与分析，得到能够表征设备性能退化的特征参数。

③ 状态识别：通过设置合适的特征参数值来判别所提取的特征参数失效与否，来对电主轴目前所处的健康状态进行评估。

④ 预判决策：对电主轴的运行状态进行评估之后，预判未来的可能的失效时间节点，然后对维修决策提供理论指导。

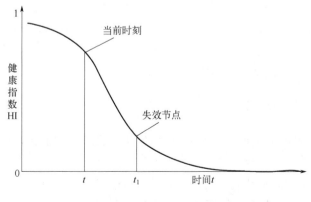

图 0.5　可靠工作时间预估

第 1 章

电主轴的工作原理

高速加工技术可以解决机械产品制造中的诸多难题，如获得特殊的加工精度和表面质量，这项技术在各类装备制造业中得到越来越广泛的应用，从而使得高速数控机床成为装备制造业发展的重要基础。电主轴是一种智能型功能部件，是承载高速切削技术的主体之一，不但转速高、功率大，还具有控制主轴温升与振动等机床运行参数的功能。在高速加工时，采用电主轴实现刀具/工件的精密运动并传递金属切削所需的能量是最佳的选择。本章主要介绍电主轴的工作原理，分析电主轴的关键技术及运行性能。

1.1 电主轴系统的组成

随着变频调速技术（电动机矢量控制技术、直接转矩控制技术等）的迅速发展和日趋完善，高速数控机床主传动的机械结构已得到极大的简化，取消了带传动和齿轮传动。机床主轴由内装式电动机直接驱动，从而把机床主传动链的长度缩短为零，实现了机床的"零传动"。这种主轴电动机与机床主轴"合二为一"的传动结构形式，使主轴部件从机床的传动系统和整体结构中相对独立出来，因此可做成"主轴单元"，俗称"电主轴"。

1.1.1 电主轴的结构

电主轴的剖面图如图 1.1 所示，图中表明，电主轴由前盖、后盖、转轴、前端轴承、后端轴承、轴承预紧、水套、壳体及定转子组成。电主轴的定子是由具备高磁导率的优质硅钢片叠压而成，叠压成型的定子内腔带有冲制嵌线槽。转子通常由转轴、转子铁芯及鼠笼组成。转子与定子之间存在一定间隙，被称为气隙，它是磁场能量转换的通路，用于实现将定子的电磁力场能量转换成机械能。电主轴的转子用压配合的方法安装在转轴上，处于前后轴承之间，由压配合产生的摩擦力来实现大转矩的传递。由于转子内孔与转轴配合面之间有很大的过盈量，因此，在装配时必须在油浴中将转子加热到 200℃左右，迅速进行热压装配。电动机的定子通过一个冷却套固装在电主轴的壳体中，这样，电动机的转子就是机床的主轴，电主轴的套筒就是电动机座。在主轴的后部安装有齿盘，作为电感式编码器，以实现电动机的全闭环控制。主轴前端外伸部分的内锥孔和端面，用于安装和固定可换的刀柄。

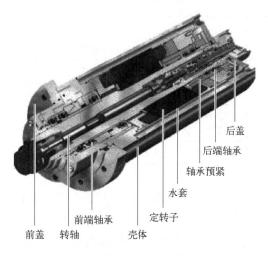

图 1.1 加工中心电主轴剖面

高速电主轴是数控机床中与零件直接接触加工的重要组成部分，其应用领域广泛，如航空航天、医药、轻工业等。高速电主轴性能的高低是制造业水平高低的体现。其具有以下优点：

① 电主轴采用空心电机内置的方法，提高了主轴的旋转切削速度，进而提高了加工效率和加工质量。

② 在数控机床的加工过程中，电主轴是通过数控机床的指令进行控制的，这种操作使得电主轴易于定位，且具有较高的动静态稳定性，能够掌握输出刀头的具体加工位置，适合加工复杂程度较高、曲面不规则，且具有精度要求的零件。

③ 电主轴取消了以往的机械加工的传动方式，直接将电机转子与转轴连接在一起，实现了无级调速，提高了传动效率。

④ 电主轴结构小巧、紧凑，占地面积小，可以采取多种放置方式（可横向也可纵向）。越是高精度、高性能、高可靠性的电主轴越能够加工出高质量的工件，使用寿命也会越长。

⑤ 电主轴内部零件设计遵循机电一体化结构，并包含电机，因此具有节约能源、转速高、内部结构刚性好、回转精度高、振动小的优点。

1.1.2 电主轴的分类

高速电主轴单元是高速加工机床的核心部件。高速电主轴单元通常按支承轴承型式、润滑方式、冷却方式、应用领域及电机类型进行分类，如表 1.1 所示。

表 1.1 电主轴分类

分类方法	种类
支承轴承型式	滚动轴承电主轴、磁悬浮轴承电主轴、流体动（静）压轴承电主轴
润滑方式	油脂电主轴、油雾电主轴、油气电主轴
冷却方式	水冷却电主轴、风冷却电主轴、自冷却电主轴
应用领域	车削用电主轴、铣削用电主轴、磨削用电主轴、钻削用电主轴、高速拉镟用电主轴、高速离心机用电主轴等
电机类型	异步型电主轴、永磁同步型电主轴

① 磨削用电主轴。磨削用电主轴是目前最主要的电主轴类型，也是各国最早研发应用的类型。磨削用电主轴主要应用于高速磨削，以提高磨削线速度和表面质量为目的，需要具有速度高、精度高和输出功率大的特点。如轴承磨床、各种内圆磨床、外圆磨床等。

② 车削用电主轴。高速车削用电主轴能获得好的加工精度和表面粗糙度，特别适用于铝、铜类有色金属零件的加工。车削中心所使用的主轴除传递运动、转矩外，还要带动工件旋转，直接承受切削力。在一定载荷和转速下，主轴部件要保证工件精确而稳定地绕其轴线做回转运动，并在动态和热态的条件下仍能保持这一性能。

③ 铣削用电主轴。铣削用电主轴与数控铣、雕铣机及加工中心相配套，进行高速铣削和雕刻加工，适用于常规零件、工模具、木工件加工。主要有自动换刀和手动换刀两种，自动换刀主轴带有自动松拉刀系统，刀具更换方便快捷；手动换刀主轴结构简单，经济实惠，适合不需频繁换刀的机床。雕铣用电主轴转速偏高，一般在 24000r/min 以上，通常选用 ER（弹簧）卡头来夹持刀具，其电动机输出可分恒功率和恒转矩两种。大型数控铣用电主轴由于不设刀库，无须换刀，因此可选用开环控制。加工中心用电主轴通常采用闭环编码控制，若需实现低速大转矩输出，在选择电主轴型号时，需提供电主轴转速范围及恒功率段起点转速，并要有准停功能。加工中心电主轴通常选用高速油脂润滑或油气润滑，以减少油

雾对环境的污染。

④ 钻削用电主轴。钻削用电主轴主要是指 PCB（印刷电路板）高速孔化所使用的电主轴，常规速度等级分 60000 r/min、80000 r/min、90000 r/min、105000 r/min、120000r/min、180000r/min 六种。前三种为油脂润滑型滚动轴承支承的电主轴，其加工范围为 0.2～0.7mm；后三种为空气静压轴承支承的电主轴，可用来钻削 0.1～0.15mm 小孔。

⑤ 其它电主轴。高速离心机用电主轴广泛用于分离、粉碎、雾化等高速离心领域。高速拉辗用电主轴用于加工空调设备的内螺纹铜管。特殊用途的电主轴主要用于驱动、试验、切割等。

1.1.3　电主轴的技术参数

不同电主轴的技术参数各有不同。磨削用电主轴的技术参数主要包括安装外径、最高转速、最高转速输出功率及润滑方式。加工中心电主轴技术参数包括安装外径、最高转速、计算转速、输出转矩、额定功率、计算转速转矩以及 $D_{\mathrm{m}} \times n$ 值等。各参数定义如下：

① 安装外径是指电主轴最外缘套筒的直径，即电主轴外壳直径。

② 计算转速又称额定转速、基速。从电机设计角度来说，是指电机在连续工况下工作时，恒转矩与恒功率的转折点，参见图 1.2 中的 A 点，小于计算转速时为恒转矩驱动，大于计算转速时为恒功率驱动，该点可以使电机的转矩和功率均达到最大值，同时工作效率达到最佳点。从使用角度来说，该点最好是在电主轴常用的工作转速附近。

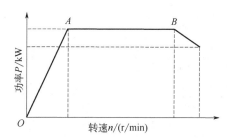

图 1.2　功率-转速特性

③ 计算转速转矩指转速小于和等于计算转速的转矩。

④ 最高转速是指电主轴能够达到的最高工作转速,是电主轴保持正常工作的极限转速值。电主轴能够达到最高工作转速时的带载能力和效率都较低，一般不希望在此点附近长时间工作。

⑤ 额定功率表示电主轴的做功能力，一般用 P 来表示，它一般随电源频率和电压变化而变化（恒功率调速时除外）。电主轴铭牌标称功率为在标称电压、转速下的满载输出功率，电主轴的输出功率一般随转速的降低而降低，选择电主轴时要考虑这一点。

⑥ 输出转矩表示电主轴输出力的大小，一般用 M 表示。电主轴的转矩指最大转矩和额定转矩，最大转矩表示电主轴的过载能力，额定转矩表示负载能力。如电主轴承担的转矩超过最大转矩时，电主轴转速会发生陡降或停转，电主轴的最大转矩一般为额定转矩的 2 倍左右。在使用和选择电主轴时要注意瞬间最大负载转矩不能超过电主轴的最大转矩，工作转矩稍小于电主轴的额定转矩。

⑦ $D_m \times n$ 值是反映电主轴功率和转速的一个重要特性参数（其中 D_m 为轴承中径，n 为电主轴工作转速），电主轴功率及转速受电主轴体积及轴承限制。$D_m \times n$ 值越大，其电主轴性能要求越高。一般电主轴的 $D_m \times n$ 值小于等于1×10^6，这类电主轴可采用油脂润滑；$D_m \times n$ 值大于1×10^6为高速或高速大功率电主轴，这类要求采用油气或油雾润滑。当然，对 $D_m \times n$ 值一定的电主轴来讲，n 值大，则 D_m 值小，功率小，刚性差，所以选择电主轴时不可盲目追求高转速。

表 1.2 列出了德国 GMN 公司用于加工中心和铣床的电主轴部分型号和主要规格。

表 1.2　德国 GMN 公司用于加工中心和铣床的电主轴型号和主要规格

主要型号	安装外径/mm	最高转速/(r/min)	额定功率/kW	计算转速/(r/min)	计算转速转矩/N·m	润滑	刀具接口
HC120-42000/11	120	42000	11	30000	3.5	OL	SK30
HC120-50000/11	120	50000	11	30000	3.5	OL	HSK-E25
HC120-60000/5.5	120	60000	5.5	60000	0.9	OL	HSK-E25
HCS150g-18000/9	150	18000	9	7500	11	G	HSK-A50
HCS170-24000/27	170	24000	27	18000	14	OL	HSK-A63
HC170-40000/60	170	40000	60	40000	14	OL	HSK-A50/E50
HCS170g-15000/15	170	15000	15	6000	24	G	HSK-A63
HCS170g-20000/18	170	20000	18	12000	14	G	HSK-F63
HCS180-30000/16	180	30000	16	15000	10	OL	HSK-A50/E50
HCS185g-8000/11	185	8000	11	2130	53	G	HSK-A63
HCS200-18000/15	200	18000	15	1800	80	OL	HSK-A63

注：HC—开环驱动；HCS—矢量驱动；OL—油气润滑；G—永久油脂润滑；SK—ISO 锥度；HSK—真空刀柄，常用的有三种：HSK-A（带内冷自动换刀）、HSK-C（带内冷手动换刀）和 HSK-E（带内冷自动换刀，高速型），HSK-F 与 HSK-E 结构一致，区别在于刀柄不同。表中产品全部使用陶瓷球轴承。

1.2　电主轴系统的工作原理

1.2.1　驱动系统工作原理

（1）三相异步电主轴工作原理

三相异步电主轴的定子通入三相对称电流，电主轴内部形成合成磁场，合成磁场随着电流的交变而在空间不断旋转，即产生基波旋转磁场。图 1.3 为不同时刻电主轴内部磁场仿真图。从图中可以看出，电主轴内部磁场为圆形，旋转磁场方向为逆时针，若转子不转，转子导条与旋转磁场相对运动，导条中产生感应电动势，其方向由右手定则确定。旋转磁场的转速为：

$$n_{\mathrm{s}} = 60\frac{f_{\mathrm{s}}}{p} \tag{1.1}$$

式中，p 为极对数；f_{s} 为电源频率，Hz；n_{s} 为旋转磁场的转速，也称同步转速，r/min。

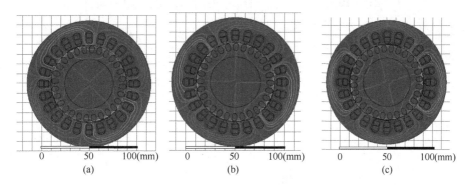

图 1.3　旋转磁场仿真图

转子导条彼此在端部短路，导条中产生电流 i，不考虑电动势与电流的相位差，该电流方向与电动势一致，导条在旋转磁场中所受电磁力为 F，产生电磁转矩 T，转子回路切割磁力线，其转动方向与旋转磁通势一致，并使转子沿该方向旋转。假设转子转速为 n_{r}，同步转速为 n_{s}，当 $n_{\mathrm{s}} < n_{\mathrm{r}}$ 时，表明转子导条与磁场存在相对运动，产生的电动势、电流及受力方向与转子不转时相同，电磁转矩 T 为逆时针方向，转子继续旋转，并稳定运行。当转子的转速等于同步转速 n_{s} 时，转子与旋转磁场之间无相对运动，转子导条不切割旋转磁场，转子无感应电动势，无转子电流和电磁转矩，转子将无法继续转动。因此异步电主轴的转子转速往往

小于电源的同步转速。

转子转速 n_r 与同步转速 n_s 之间的差异定义为转差率 s，即

$$s = \frac{n_s - n_r}{n_s} \tag{1.2}$$

由式（1.2）可见，转差率越小，表明转子转速越接近同步转速，电主轴效率越高。

① 定子电压方程。如图 1.4 为定、转子的耦合电路图，其中定子频率为 f_s，转子频率为 f_r，定子电路和旋转的转子电路通过气隙旋转磁场（主磁场）相耦合。图中表明，以同步转速旋转的气隙旋转磁场（主磁场），将在定子三相绕组内感生对称的三相电动势 $\dot{E}_s$。根据基尔霍夫定律，定子每相所加的电源电压 $\dot{U}_s$，应当等于该电动势的负值 $-\dot{E}_s$ 加上定子电流所产生的漏阻抗压降 $\dot{I}_s(R_s + jX_{s\sigma})$。由于三相对称，故仅需分析其中的一相（取 A 相）。于是，定子的电压方程为

$$\dot{U}_s = \dot{I}_s(R_s + jX_{s\sigma}) - \dot{E}_s \tag{1.3}$$

式中，I_s 为定子电流；R_s、$X_{s\sigma}$ 分别为定子每相的电阻和漏抗；$\dot{E}_s = -\dot{i}_m Z_m$，$i_m$ 为等效电流，Z_m 为等效阻抗。

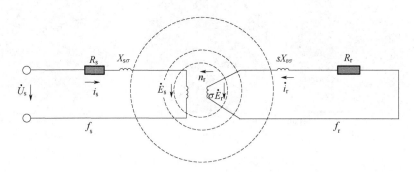

图 1.4　感应电动机定、转子耦合电路示意图

② 转子电压方程。图 1.4 表明，气隙主磁场除在定子绕组内感生频率为 f_s 的电动势 $\dot{E}_s$ 外，还将在旋转的转子绕组内感生转差频率 $f_r = sf_s$ 的电动势 $\dot{E}_{rs}$，$\dot{E}_{rs}$ 的有效值 E_{rs} 为

$$E_{rs} = 4.44 sf_s N_r k_{wr} \Phi_m \tag{1.4}$$

式中，N_r 为线圈匝数；k_{wr} 为短距系数；Φ_m 为磁通量。

当转子不转（$s=1$）时，转子每相感应电动势为 E_r：

$$E_r = 4.44 f_s N_r k_{wr} \Phi_m \tag{1.5}$$

$$E_{rs} = s E_r \tag{1.6}$$

即转子的感应电动势与转差率 s 成正比，s 越大，主磁场"切割"转子绕组的相对速度就越大，E_{rs} 亦越大。

转子每相绕组亦有电阻和漏抗。由于转子频率为 $f_r = sf_s$，故转子绕组的漏抗 $X_{r\sigma s}$ 应为

$$X_{r\sigma s} = 2\pi f_r L_{r\sigma} = 2\pi s f_s L_{r\sigma} = s X_{r\sigma} \tag{1.7}$$

式中，$X_{r\sigma}$ 为转子频率等于 f_s（即转子不转）时的漏抗；$L_{r\sigma}$ 为转子电感。

感应电机的转子绕组通常为短接，即端电压 $U_r = 0$，此时根据基尔霍夫第二定律，可写出转子绕组一相的电压方程为：

$$\dot{E}_{rs} e^{j\omega_r t} = \dot{I}_{rs} e^{j\omega_r t} (R_r + jsX_{r\sigma}) \tag{1.8}$$

或

$$\dot{E}_{rs} = \dot{i}_{rs} (R_r + jsX_{r\sigma}) \tag{1.9}$$

式中，$\dot{i}_{rs}$ 为转子电流；R_r 为转子每相电阻；ω_r 为转子角速度。

从图 1.4 可见，由于定、转子频率不同，相数和有效匝数亦不同，故定、转子电路无法连在一起。为得到定、转子统一的等效电路，必须把转子频率变换为定子频率，转子的相数、有效匝数变换为定子的相数和有效匝数，即进行频率归算和绕组归算。图 1.5 为频率和绕组归算后感应电动机的定、转子电路图。

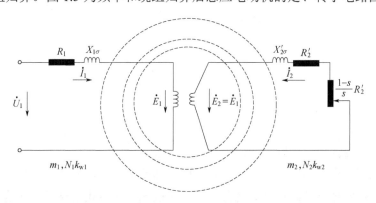

图 1.5　频率和绕组归算后感应电动机的定、转子电路图

（m 表示有效匝数）

经过归算，感应电动机的电压方程和磁动势方程为

$$\left.\begin{aligned}
\dot{U}_{\mathrm{s}} &= \dot{i}_{\mathrm{s}}(R_{\mathrm{s}} + \mathrm{j}X_{\mathrm{s}\sigma}) - \dot{E}_{\mathrm{s}} \\
\dot{E}_{\mathrm{r}}' &= \dot{i}_{\mathrm{r}}'\left(\frac{R_{\mathrm{r}}'}{s} + \mathrm{j}X_{\mathrm{r}\sigma}'\right) \\
\dot{E}_{\mathrm{s}} &= \dot{E}_{\mathrm{r}}' = -\dot{i}_{\mathrm{m}}Z_{\mathrm{m}} \\
\dot{i}_{\mathrm{s}} + \dot{i}_{\mathrm{r}}' &= \dot{i}_{\mathrm{m}}
\end{aligned}\right\} \tag{1.10}$$

式中，带有上角标的代表归算后的转子物理量。

根据式（1.10），即可画出感应电动机的 T 形等效电路，如图 1.6 所示。

从等效电路可见，感应电动机空载时，转子转速接近于同步转速，$s \approx 0$，$\dfrac{R_{\mathrm{r}}'}{s} \to \infty$，转子相当于开路，此时转子电流接近于零，定子电流基本上是励磁电流。当电动机加上负载时，转差率增大，$\dfrac{R_{\mathrm{r}}'}{s}$ 减小，使转子和定子电流增大，由于定子电流和漏阻抗压降增加，E_1 和相应的主磁通值将比空载时略小。启动时，$s = 1$，$\dfrac{R_{\mathrm{r}}'}{s} = R_2'$，转子和定子电流都很大，由于定子的漏阻抗压降较大，此时 E_{s} 和主磁通值将显著减小，仅为空载时的 50%～60%。

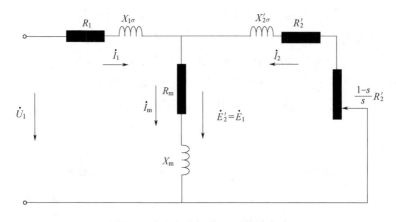

图 1.6　感应电动机的 T 形等效电路

（2）永磁同步电主轴工作原理

永磁同步电主轴的定子与三相异步电主轴基本相同，为三相对称结构。转子为磁极，按照转子结构形式分为凸极式和隐极式。凸极式适合用于低速运行，隐极式适合高速运行。因此对于电主轴来说，以隐极式为主，且励磁方式为永磁。

永磁同步电主轴定子绕组通以三相对称电流时，在定子绕组产生基波旋转磁场，其旋转同步转速与式（1.1）相同。转子采用永磁体，具有无励磁损耗、效率高等特点。在定子磁场和转子永磁体的相互作用下，转子被定子基波旋转磁场牵引着以同步转速一起旋转，即转子转速 $n_2 = n_1$。

（3）IGBT 结构和工作原理

高速电主轴驱动系统中对整个系统影响较大且出现故障频率较高的为 IGBT（绝缘栅双极晶体管）元件，因此分析 IGBT 的退化机理成为本小节研究重点。在功率变流器 IGBT 的退化分析中，从芯片结构及工作原理分析，确定其可能出现的退化部位，发现退化过程可能带来的影响，总结退化过程中器件内部参数变化。通过分析键合线脱落及金属层重构现象，掌握 IGBT 退化机理。IGBT 封装结构如图 1.7 所示。

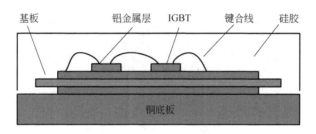

图 1.7　IGBT 封装结构

IGBT 的封装分为焊接和压接，由于压接工艺要求高及成本问题，当前的 IGBT 封装以焊接为主。焊接的 IGBT 构成是将硅芯片与陶瓷板上的上铜质以焊接方式连接，而下铜质部分通过焊接方式与基板进行连接。键合线是进行外界电气传输的通道，在封装中存在导热硅脂及散热器，起到加强器件散热的效果；但存在材料的膨胀系数不一致的问题，从而不可避免出现材料热变形，使得各部分出现不同程度的应力。受到长时间的拉伸应力、挤压应力，在器件内部出现金属的断裂、焊锡层的开裂等现象，这些现象会导致该元器件的性能退化。经过长期的实验总结，键合线及焊锡层是发生器件失效主要部位，产生退化现象的主要原因。

IGBT 的构成示意图如图 1.8 所示，其包括集电极、发射极和栅极，存在漂移区、缓冲区及衬底，而 IGBT 是根据半导体场效应管的构成和作用发展来的，只是 IGBT 为增加对漂移区导电性的调节控制增设衬底部分。

发射集 E 与栅极 G 的电压 V_{ge} 决定沟道的形成，在栅极通以正向电压时，在 P 区建立沟道，IGBT 开断状态为打开状态，在此过程中漂移区的电位降低，衬底的空穴不断给漂移区补充，导致该部分的空穴数量较多，缓冲区的自由电子不断进入漂移区，使得缓冲区电导率增加。而在栅极加负值电压或者零电压时，不会出现沟道，IGBT 的状态为关断状态。

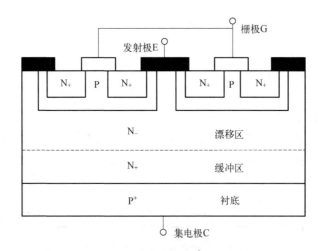

图 1.8　IGBT 的构成

1.2.2　冷却系统工作原理

电主轴冷却系统（图 1.9）是利用其循环冷却特性，将冷却液通过冷却水套强制冷却电主轴。电主轴冷却系统分为两种，即内水套型冷却系统和外水套型冷却系统，设计时根据不同的加工方式选择合适的类型。对于高速电主轴系统，由于其产生热量较大，一般采用内水套型的冷却系统，冷却水套设置在主轴体的内侧、定子的外部，系统调整冷却液的输入，实现对温度的控制。冷却液输入冷却系统后，不间断地对定子和轴承进行冷却，流出轴体后回到水箱，实现冷却液的循环利用。冷却系统的控制方式主要分为定温控制和差温控制两种，进行相关实验研究时需要考虑环境因素对主轴温升的影响，所以通常情况下采用差温控制，另外实验环境温度因素需要注意，进行电主轴系统的测温、热变形等相关实验时，环境温度一般要求保持在 20℃到 25℃之间。在大多数实验中，主要采用的冷却液是水，温度不宜过高或过低，过低时会导致水蒸气浓缩成雾，降低主轴电机的绝缘效果。如果实验时的电功率很高，还会造成实验人员的潜在人身安全隐患。根据实验环境和实验室的具体情况，可通过调节入口冷却水温度等参数使电主轴的温度保持稳定，避免因热变形影响加工质量和精度。

图 1.9　冷却系统示意图

1.2.3　润滑系统工作原理

高速电主轴的温升会影响主轴系统的温度场在轴线上的对称性和梯度，温度上升的过程中，主轴本身将产生轴向伸长，同时主轴前后支承的中心位置必会在径向发生变化，使主轴的工作端产生径向位移。而如果冷却系统分布不均，造成温度场变化不均，会造成加工精度降低，从而导致轴承和电机的永久损坏，特别对永磁电机的永磁体而言，过热将导致永磁体的永久退磁，直接影响电机性能，因此均匀有效的冷却系统对高速电主轴系统的精度有决定作用。冷却系统与润滑系统的设计关系密切，如果润滑系统性能优越，则会产生相对较少的热量，也就减轻了冷却系统的负担。电主轴的发热主要是电机定子发热及转子系统轴承摩擦发热。电主轴电机及轴承的冷却通常采用与冷却流体间对流的方式实现。电主轴定子的冷却通常采用定子外部设计冷却套的方式实现，且效果较好。转子的冷却则比较困难，常用的方法是通过轴承润滑油的流动带走一部分热量。滚动轴承在高速回转时，正确的润滑极为重要，稍有不慎，将会造成轴承因过热而烧坏。当前电主轴主要有三种润滑方式。

① 油脂润滑是一次性永久润滑，不需任何附加装置和特别维护。但其温升较高，允许轴承工作的最高转速较低，一般 $D_m \times n$ 值在 1.0×10^6 以下。在使用混合轴承条件下，其 $D_m \times n$ 值可以提高 25%～35%。

② 油气润滑是一种新型的、较为理想的方式，在学术界被称为气液两相流体冷却润滑技术。它利用分配阀对所需润滑的不同部位，按照其实际需要，定时（间歇）、定量（最佳微量）地供给油-气混合物，能保证轴承的各个不同部位既不缺润滑油，又不会因润滑油过量而造成更大的温升，并可将油雾污染降至最低程度，其 $D_m \times n$ 值可达 1.9×10^6。

图 1.10 为其润滑系统原理图。根据整个被润滑设备的需油量和事先设定的工作程序接通油泵，润滑油经定量分配器精确计量和分配后被输送到与压缩空气相连接的网络中，并与压缩空气混合形成油气流进入油气管道，压缩空气经过压缩空气处理装置进行处理。在油气管道中，由于压缩空气的作用，润滑油沿着管道内壁波浪形地向前移动，并逐渐形成一层薄薄的连续油膜。既由于进入轴承内部的压缩空气的作用，润滑部位得到了冷却，又由于润滑部位保持着一定的正压，外界的脏物和水不能侵入，起到良好的密封作用。油气润滑装置见图 1.11。

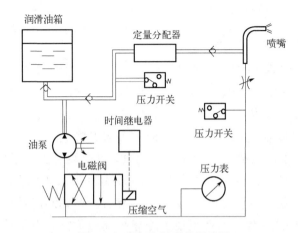

图 1.10　油气润滑系统原理图

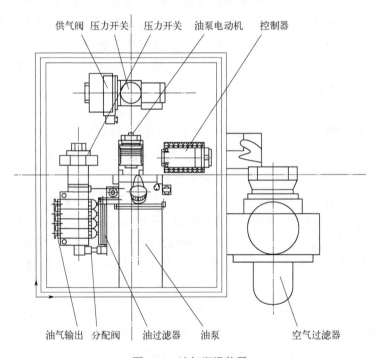

图 1.11　油气润滑装置

③ 油雾润滑。油雾润滑与油气润滑均属于气液两相流体冷却润滑技术。油雾润滑的工作原理如图 1.12 所示，压缩空气通过进气口进入阀体后，沿喷嘴的进气孔进入喷嘴内腔，并从文氏管喷出进入雾化室中。这时，真空室内产生负压，并使润滑油经滤油器和喷油管进入真空室，然后滴入文氏管中。油滴被气流喷碎成不均匀的油粒，再从喷雾罩的排雾孔进入贮油器的上部，大的油粒在重力作用下

落回到贮油器的下部油中，只有小于 3μm 的微粒留在气体中形成油雾，随着压缩空气经管道输送到摩擦点。为了将润滑油输送到摩擦点，首先要在一个润滑油雾化装置中将润滑油雾化成非常细小的油粒。雾化后的润滑油微粒的表面张力大于润滑油微粒的吸引力，使得雾化后的润滑油处于一种气体状态，雾化的润滑油能够在这种状态下由雾化装置经过分配器输送到各个摩擦点。但由于油雾进入摩擦点后不能完全形成滴状的油滴，不利于形成润滑所需的油膜，因此需要凝缩嘴使得油雾经过凝缩嘴后形成滴状的油粒。需要注意的是，油雾只能以较小的速度输送，因为油雾只有在层流状态下才能保持稳定。如果是紊流状态，润滑油的微粒就会因相互碰撞而聚集在一起，结合成较大的润滑油油滴，以致重新恢复成液体状态。在这种液体状态下，润滑油又重新流回到容器中。由于油雾的压力很低，为了克服油雾流动的阻力，电主轴内部油道必须具有较大的截面积。在油雾润滑的管道（油道）中，油已成雾状并和压缩空气融合在一起，油和气在管道中的输送速度是一样的，因此，从润滑部位排出的空气中含有油的微小颗粒，会对环境造成污染并严重危害人体健康。表 1.3 为油雾润滑与油气润滑性能比较。

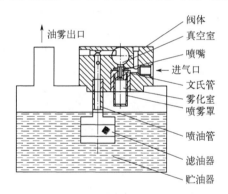

图 1.12　油雾润滑工作原理

表 1.3　油雾润滑与油气润滑比较

比较项目	油雾润滑	油气润滑
流体形式	一般型气液两相流体	典型气液两相流体
输送润滑剂的气压	0.04～0.06bar[①]	2～10bar
气流速	2～5m/s（润滑剂和空气紧密融合成油雾，气流速＝润滑剂流速）	30～80m/s（润滑剂没有被雾化，气流速远远大于润滑剂流速），特殊情况下可高达 150～200m/s
润滑剂流速	2～5m/s（润滑剂和空气紧密融合成油雾，气流速＝润滑剂流速）	2～5cm/s（润滑剂没有被雾化，气流速远远大于润滑剂流速）

续表

比较项目	油雾润滑	油气润滑
加热与凝缩	对润滑剂进行加热与凝缩	不对润滑剂进行加热与凝缩
对润滑剂黏度的适用性	仅仅可适用于较低黏度（150cSt[②]/40℃以下）的润滑剂，对高黏度的润滑剂雾化率相应降低	适用于几乎任何黏度的油品，黏度大于680cSt/40℃或添加有高比例固体颗粒的油品都能顺利输送
在恶劣工况下的适用性	在高速、高温和轴承座受脏物、水及有化学危害性的流体侵蚀的场合适用性差；不适用于重载场合	适用于高速（或极低速）、重载、高温和轴承座受脏物、水及有化学危害性的流体侵蚀的场合
对润滑剂的利用率	因润滑剂黏度大小的不同而雾化率不同，对润滑剂的利用率只有约60%或更低	润滑剂100%被利用
耗油量	是油气润滑的10～12倍	是油雾润滑的1/10～1/12
给油的准确性及调节能力	加热温度、环境温度以及气压的变化和波动均使给油量受到影响，不能实现定时定量给油；对给油量的调节能力极其有限	可实现定时定量给油，要多少给多少；可在极宽的范围内对给油量进行调节
康达（Coanda）效应（也称附壁作用）	受Coanda效应的影响，无法实现油雾气多点平均分配或按比例分配	REBS专有的TURBOLUB分配器可实现油气多点平均分配或按比例分配
管道布置	管道必须布置成向下倾斜的坡度以使油雾顺利输送；油雾管的长度一般不大于20m	对管道的布置没有限制，油气可向下或克服重力向上输送，中间管道有弯折或呈盘状及中间连接接头的应用均不会影响油气正常输送；油气管可长达100m
用于轴承时轴承座内的正压	≤0.02bar；不足以阻止外界脏物、水或化学危害性的流体侵入轴承座并危害轴承	0.3～0.8bar；可防止外界脏物、水或有化学危害性的流体侵入轴承座并危害轴承
可用性	因危害人身健康及污染环境，其可用性受到质疑	可用
系统监控性能	弱	所有动作元件和流体均能实现监控
轴承使用寿命	适中	很长，是使用油雾润滑的2～4倍
环保	雾化时有20%～50%的润滑剂通过排气进入外界空气中成为可吸入油雾，对人体肺部极其有害并污染环境	油不被雾化，也不和空气真正融合，对人体健康无害，也不污染环境

① 1bar=10^5Pa。

② 1cSt=10^{-6}m²/s。

1.3 电主轴系统的常见故障

电主轴的机械部分主要是由运动构件所组成的，因而磨损就不可避免，慢慢地就会引发系统的振动，因此对于机械部分的监测，常用的方法是采集振动信号。

同时振动也是电主轴在运行过程中的动态现象的综合反映，能够在一定程度上评价电主轴的动态性能。主轴的电气部分的性能变化或者负载变化会对输入电流产生一定影响，因此对于主轴电气部分故障的监测常用的方式是采集电机电流信号。结合以上信息，从电主轴的基本结构出发，对电主轴监测的监测点进行初步布置，如图1.13所示。

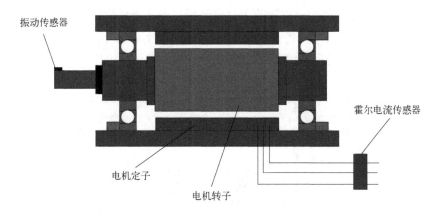

图1.13 电主轴监测点示意图

1.3.1 电气部分故障

因为电主轴是一个高精密的设备，并且各个部分之间相互配合且具有一定的耦合关系，一个部位突发的性能退化或者发生故障就会对其它部位产生关联影响，同样地，其它部位的性能退化也会反作用于当前部位而导致性能的下降。性能下降导致的最终结果就是故障的发生，所以必须对电主轴进行实时状态监测。

对于电主轴的电气部分的故障，因为电主轴电气部分主要包括定子与转子两部分，所以电气部分的故障主要为电机的定转子故障。电主轴中电气部分的故障较少，但其故障原理与电机相同，因此依据电机电气系统的故障原理对电主轴进行分析。电主轴电气部分的主要故障失效来源于定转子，但是这也并不是绝对的。因为电主轴是一个集机、电、液于一体的高可靠性的设备，所以当某一系统故障发生，对其它系统总会产生相应的影响。例如当电气系统中的定转子发生故障时，首先就会影响到所监测的电流信号，其次，电气部分发生故障导致磁场的不平衡，而导致振动信号也会有所变化。

电主轴电气部分中最常见的故障为电机定子绕组匝间短路，而电机定子绕组匝间短路会直接影响到电流的变化。

1.3.2 机械部分故障

电主轴机械部分中最常见的故障是轴承的故障，轴承的主要监测量为振动，所以主要监测主轴的芯轴和主轴壳体产生的振动量。另一方面，芯轴振动还会连带引起主轴电机定子电流的改变。

电主轴机械部分的故障排除非关联故障后，得到主轴机械部分常发生故障的部位。根据文献[53]实际现场采集到的主轴相关的故障数据，机械部分主轴各部位故障所占的比例如图 1.14 所示。

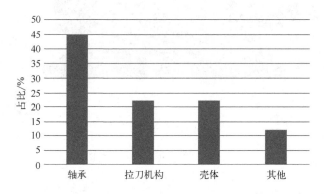

图 1.14　电主轴机械部分故障部位柱状图

由图 1.14 可知，机械部分中轴承导致的故障所占的比例最高，大约占 45%；排在第二位的是主轴外壳松动，占比超过 22%；排在第三位的是拉刀机构失灵，大约占 22%；其它系统故障，大约占比 12%。

综上所述，将电主轴分为机械部分与电气部分两部分，并且将轴承故障作为导致电主轴机械部分故障的重要因素，将电机定子绕组匝间短路作为导致电主轴电气部分故障的重要因素。

第 2 章

电主轴驱动系统与多域仿真建模技术

　　电主轴驱动系统是由执行器、驱动器以及控制器组成的闭环控制系统。其中执行器由主轴、定子、定子绕组、转子、转子绕组与转子端环组成，驱动器由整流电路、逆变电路以及 PWM（脉宽调制）波生成器组成，控制器是根据控制策略而做成的硬件电路系统。控制策略以矢量控制的方法进行设计，能够接收执行器的转速、电流、转矩等变量并计算产生实时、动态的 PWM 驱动波来驱动执行器。由此可见，电主轴驱动系统包含机械、电气、控制等多学科领域的内容，进行多领域仿真才能更准确地描述其整个系统。本章中使用 Simscape 对电子元器件进行建模，使用 Simulink 对控制系统（控制器）进行建模，使用 Simulink 搭建执行器的状态空间框图模型与数学模型，使用 Ansys-workbench 对电磁、温度场进行多物理域的耦合建模，使用 Twin-builder 对 Simulink 的控制系统与 Ansys 的物理系统进行数据的传输。

2.1 电主轴驱动系统执行器

　　高速电主轴的结构示意图如图 2.1 所示。当今，高速电主轴普遍以此种结构布局，执行器连同主轴被前后轴承支承在壳体内，这种布局方式优点是电主轴的主轴单元直接与提供动力的执行器单元相连接，由于没有减速模块，可以输出较高的转速，可满足高速型加工中心、高速数控机床的使用。缺点是执行器内置，散热条件差，容易引起主轴的变形，因此高速电主轴定子采用螺旋冷却水套进行冷却。电主轴中的主轴与执行器的定子需要连接在一起，所以是一体化制造出来的或是紧密安装的。执行器的转子与定子之间要留有供转子转动的间隙，故转子与定子间隙配合安装。冷却系统需要及时将电主轴生成的热量散发出去，所以，将冷却系统配置在电主轴的壳体内部和定子外部的气隙之中。

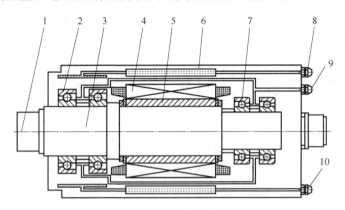

图 2.1　电主轴本体结构

1—刀具接口；2—前轴承；3—转轴；4—定子；5—转子；6—壳体；

7—后轴承；8—冷却液出口；9—润滑接口；10—冷却液进入口

在电主轴的本体结构中，由定子、转子组成的执行器机构是电主轴驱动系统的一个重要组成部分，如图 2.2 所示。

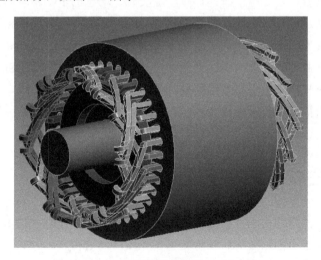

图 2.2　电主轴驱动系统执行器

在电主轴驱动系统中，执行器起着主要的提供转速、转矩的作用，也是研究电主轴驱动系统的主体部分。通过对执行器的数字化分析代替使用真实执行器设备进行分析无疑是一种好方法。建立适当准确的仿真模型，是研究电主轴驱动系统中执行器的多物理层特性及其矢量闭环控制技术的理论基础。执行器本身是一个复杂的系统，其包括多种非线性因素，包括齿槽效应引起的磁动势形状不规律、电磁饱和造成的自感和互感非线性、铁损和铜损等引起的温度场效应等，使得执行器成为一个多干扰变量、各变量直接耦合强度大、有高阶非线性的系统。在研究其状态空间多域仿真平台模型时，通常要作出以下假设：

① 不将齿槽效应的影响考虑在内，电主轴驱动系统的执行器的三相绕组在空间中以相差 120°类似于字母 Y 的形式对称分布；

② 降低磁饱和的影响，将转子绕组自感视为线性的，将定子绕组自感视为线性的；

③ 不考虑温度场的影响，即忽略执行器的铁损和铜损；

④ 认为温度对于电阻的影响很小，可以忽略；

⑤ 不管执行器的转子是什么样的形式，将所有转子的类型都视绕线转子，并将转子的绕线匝数折算到定子侧。

图 2.3 表示的是执行器经过假设后的等效物理模型。如图所示，定子三相坐标 A、B、C 轴的绕组轴线固定于自然坐标系的空间位置中，把 A 轴作为坐标系的参考轴，转子的 a、b、c 三相绕组随之旋转。

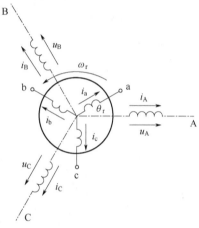

图 2.3　执行器的物理模型

2.1.1　电压方程

电压方程矩阵形式如下

$$
\begin{bmatrix} u_{sa} \\ u_{sb} \\ u_{sc} \\ u_{ra} \\ u_{rb} \\ u_{rc} \end{bmatrix} = \begin{bmatrix} R_s & & & & & \\ & R_s & & & & \\ & & R_s & & & \\ & & & R_s & & \\ & & & & R_s & \\ & & & & & R_s \end{bmatrix} \begin{bmatrix} i_{sa} \\ i_{sb} \\ i_{sc} \\ i_{ra} \\ i_{rb} \\ i_{rc} \end{bmatrix} + p \begin{bmatrix} \varphi_{sa} \\ \varphi_{sb} \\ \varphi_{sc} \\ \varphi_{ra} \\ \varphi_{rb} \\ \varphi_{rc} \end{bmatrix} \tag{2.1}
$$

上述电压方程简写为

$$\begin{cases} \boldsymbol{u}_s = \boldsymbol{R}_s \boldsymbol{i}_s + p\boldsymbol{\varphi}_s \\ \boldsymbol{u}_r = \boldsymbol{R}_r \boldsymbol{i}_r + p\boldsymbol{\varphi}_r \end{cases} \tag{2.2}$$

式中

定子电压 $\boldsymbol{u}_s = [u_{sa}, u_{sb}, u_{sc}]^T$，$u_{sa}$、$u_{sb}$、$u_{sc}$ 为定子三相电压瞬时值；

转子电压 $\boldsymbol{u}_r = [u_{ra}, u_{rb}, u_{rc}]^T$，$u_{ra}$、$u_{rb}$、$u_{rc}$ 为转子三相电压瞬时值；

定子电流 $\boldsymbol{i}_s = [i_{sa}, i_{sb}, i_{sc}]^T$，$i_{sa}$、$i_{sb}$、$i_{sc}$ 为定子三相电流瞬时值；

转子电流 $\boldsymbol{i}_r = [i_{ra}, i_{rb}, i_{rc}]^T$，$i_{ra}$、$i_{rb}$、$i_{rc}$ 为转子三相电流瞬时值；

定子电阻 $\boldsymbol{R}_s = \mathrm{diag}[R_s, R_s, R_s]$，$R_s$ 为定子每相绕组电阻；

转子电阻 $\boldsymbol{R}_r = \mathrm{diag}[R_r, R_r, R_r]$，$R_r$ 为定子每相绕组电阻；

p 为微分算子；

$\boldsymbol{\varphi}_s = \begin{bmatrix} \varphi_{sa} & \varphi_{sb} & \varphi_{sc} \end{bmatrix}^T$；

$\boldsymbol{\varphi}_r = \begin{bmatrix} \varphi_{ra} & \varphi_{rb} & \varphi_{rc} \end{bmatrix}^T$。

2.1.2 磁链方程

三相异步电机各绕组的磁链可表示如下

$$\begin{bmatrix} \varphi_{sa} \\ \varphi_{sb} \\ \varphi_{sc} \\ \varphi_{ra} \\ \varphi_{rb} \\ \varphi_{rc} \end{bmatrix} = \begin{bmatrix} L_{AA} & L_{AB} & L_{AC} & L_{Aa} & L_{Ab} & L_{Ac} \\ L_{BA} & L_{BB} & L_{BC} & L_{Ba} & L_{Bb} & L_{Bc} \\ L_{CA} & L_{CB} & L_{CC} & L_{Ca} & L_{Cb} & L_{Cc} \\ L_{aA} & L_{aB} & L_{aC} & L_{aa} & L_{ab} & L_{ac} \\ L_{bA} & L_{bB} & L_{bC} & L_{ba} & L_{bb} & L_{bc} \\ L_{cA} & L_{cB} & L_{cC} & L_{ca} & L_{cb} & L_{cc} \end{bmatrix} \begin{bmatrix} i_s \\ i_r \end{bmatrix} \tag{2.3}$$

简写为

$$\boldsymbol{\varphi} = \boldsymbol{L}\boldsymbol{i} \tag{2.4}$$

式中，$\boldsymbol{L}$ 为电感的矩阵；$\boldsymbol{i}$ 为电流的矩阵。

电主轴驱动系统的执行器在运转过程中会产生主磁通和漏磁通。在定子绕组中产生的两种电感分别为定子漏感 L_{ls} 和定子互感 L_{ms}。在转子绕组中产生的是转子漏感 L_{lr} 和转子互感 L_{mr}。

为简化分析，令 $L_{ms} = L_{mr} = L'_m$。

因此，定转子各相绕组自感分别为

$$L_{AA} = L_{BB} = L_{CC} = L'_m + L_{ls} \tag{2.5}$$

$$L_{aa} = L_{bb} = L_{cc} = L'_m + L_{lr} \tag{2.6}$$

电主轴驱动系统的执行器定子的三相（A-B-C）绕组之间的互感与主磁通互相对应，且 A-B-C 相绕组轴线在矢量空间呈现相等角度的 Y 形分布，因此

$$L_{AB} = L_{BC} = L_{CA} = L_{BA} = L_{CB} = L_{AC} = L_{ss} \tag{2.7}$$

$$L_{ss} \approx L'_m \cos 120° = -\frac{1}{2}L'_m \tag{2.8}$$

式中，L_{ss} 为定子自感。

同定子的三相绕组的理论，转子三相 a、b、c 绕组之间的互感应为

$$L_{ab} = L_{bc} = L_{ca} = L_{ba} = L_{cb} = L_{ac} = L_{rr} \tag{2.9}$$

$$L_{rr} \approx L'_m \cos 120° = -\frac{1}{2}L'_m \tag{2.10}$$

式中，L_{rr} 为转子自感。

定子和转子之间的互感和气隙主磁通是相互对应的关系，因为转子绕组的旋转，与之对应的相（如 B 和 b）之间有相位移角 θ_r，故有

$$L_{Aa} = L_{aA} = L_{Bb} = L_{bB} = L_{Cc} = L_{cC} = L_{sr}\cos\theta_r = L'_m\cos\theta_r \tag{2.11}$$

$$L_{Ab} = L_{bA} = L_{Bc} = L_{cB} = L_{Ca} = L_{aC} = L_{sr}\cos\left(\theta_r + 120°\right) = L'_m\cos\left(\theta_r + 120°\right) \tag{2.12}$$

$$L_{Ac} = L_{cA} = L_{Ba} = L_{aB} = L_{Cb} = L_{bC} = L_{sr}\cos\left(\theta_r - 120°\right) = L'_m\cos\left(\theta_r - 120°\right) \tag{2.13}$$

式中，$L_{sr} = L'_m$，表示定转子互感。

当定子绕组的轴线和转子绕组的轴线处于一条直线上时，定子和转子之间的互感取最大值。

把式（2.5）～式（2.13）全部代入式（2.3）就会得到磁链方程，即

$$\begin{bmatrix} \boldsymbol{\varphi}_s \\ \boldsymbol{\varphi}_r \end{bmatrix} = \begin{bmatrix} \boldsymbol{L}_{ss} & \boldsymbol{L}_{sr} \\ \boldsymbol{L}_{rs} & \boldsymbol{L}_{rr} \end{bmatrix} \begin{bmatrix} \boldsymbol{i}_s \\ \boldsymbol{i}_r \end{bmatrix} \tag{2.14}$$

式中，L_{rs} 为转定子互感。

$$\boldsymbol{L}_{ss} = \begin{bmatrix} L'_m + L_{ls} & -L'_m/2 & -L'_m/2 \\ -L'_m/2 & L'_m + L_{ls} & -L'_m/2 \\ -L'_m/2 & -L'_m/2 & L'_m + L_{ls} \end{bmatrix} \tag{2.15}$$

$$\boldsymbol{L}_{rr} = \begin{bmatrix} L'_m + L_{lr} & -L'_m/2 & -L'_m/2 \\ -L'_m/2 & L'_m + L_{lr} & -L'_m/2 \\ -L'_m/2 & -L'_m/2 & L'_m + L_{lr} \end{bmatrix} \tag{2.16}$$

$$\boldsymbol{L}_{sr} = \boldsymbol{L}_{rs}^T = L'_m \begin{bmatrix} \cos\theta_r & \cos\left(\theta_r + 120°\right) & \cos\left(\theta_r - 120°\right) \\ \cos\left(\theta_r - 120°\right) & \cos\theta_r & \cos\left(\theta_r + 120°\right) \\ \cos\left(\theta_r + 120°\right) & \cos\left(\theta_r - 120°\right) & \cos\theta_r \end{bmatrix} \tag{2.17}$$

上式所表示的互感与变参数 θ_r 有关，是执行器系统非线性的一个原因。

2.1.3 转矩方程

对于电主轴驱动系统执行器的转矩方程，需要使用能量守恒定律进行推导。在执行器中，磁场的储能为

$$W_m = \frac{1}{2} \boldsymbol{i}^T \boldsymbol{\varphi} = \frac{1}{2} \boldsymbol{i}^T \boldsymbol{L} \boldsymbol{i} \tag{2.18}$$

依据能量守恒的理论，在执行器处于运行状态时，将电流恒定状态下的磁场储能值进行对机械角度位移 θ_m 的偏导即可求得电磁转矩 T_e，即

$$T_e = \left.\frac{\partial W_m}{\partial \theta_m}\right|_{i=c} = \left. n_p \frac{\partial W_m}{\partial \theta_r}\right|_{i=c} \tag{2.19}$$

式中　　n_p——电机的磁极对数；

　　　　θ_r——空间角位移，$\theta_r = n_p \theta_m$。

展开得

$$
\begin{aligned}
T_e &= \frac{1}{2} n_p \left[\boldsymbol{i}_r^T \frac{\partial \boldsymbol{L}_{rs}}{\partial \theta_r} \boldsymbol{i}_s + \boldsymbol{i}_s^T \frac{\partial \boldsymbol{L}_{sr}}{\partial \theta_r} \boldsymbol{i}_r \right] \\
&= -n_p L_m' [(i_{sa} i_{ra} + i_{sb} i_{rb} + i_{sc} i_{rc}) \sin \theta_r + \\
&\quad (i_{sa} i_{rb} + i_{sb} i_{rc} + i_{sc} i_{ra}) \sin (\theta_r + 120°) + \\
&\quad (i_{sa} i_{rb} + i_{sb} i_{rc} + i_{sc} i_{ra}) \sin (\theta_r - 120°)]
\end{aligned}
\tag{2.20}
$$

2.1.4 运动方程

执行器的转矩平衡方程式如下

$$T_e = T_L + \frac{J}{n_p} \times \frac{d^2 \theta_r}{dt^2} = T_L + \frac{J}{n_p} \times \frac{d\omega_r}{dt} \tag{2.21}$$

式中　　T_L——负载阻力矩；

　　　　J——转动惯量。

式（2.1）、式（2.3）、式（2.20）和式（2.21），构成了健康状态下的电主轴驱动系统执行器在三相自然坐标系下的数学模型。

给电主轴驱动系统执行器提供原动力的是驱动器。电主轴驱动系统的驱动器即变频器，它是由整流电路、逆变电路以及 PWM 波生成器组成的微电子电路系统。该系统采用工频改变技术和微电子电路技术相结合的方法，通过改变执行器工作频率的方式，实现对交流执行器的调速控制。变频器的主电路的作用是将调

压调频后的电力输送给执行器。它的工作原理是将输入电网的三相交流电经整流电路转换为直流电源，通过 PWM 波生成算法生成满足给定频率的等效变频后的三相电流的 PWM 波，将此 PWM 波输入逆变电路的 IGBT 上，逆变器会将直流电转换成变频的等效三相电源。

2.2　电主轴驱动系统控制器

2.2.1　恒压频比控制

恒压频比调速（控制）系统是目前应用较多的一种系统，调速性能较好，而且运行效率高，节电效果显著。这种调速方式使定子电源的端电压和频率同时可调，但由于主要靠旋转变频发电机组作为电源，缺乏理想的变频装置而未获得广泛应用。直到电力电子开关器件问世以后，各种静止式变压变频装置得到迅速发展，价格逐渐降低，才使恒压频比调速系统的应用与日俱增。下面介绍异步电动机的恒压频比调速原理。

（1）基频以下恒转矩控制的机械特性

根据电机学原理，在忽略电主轴空间和时间谐波，忽略磁饱和以及铁损的条件下，交流异步电主轴的稳态等效电路如图 2.4 所示。

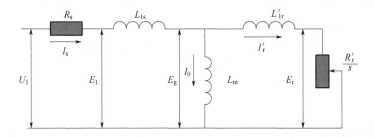

图 2.4　交流异步电主轴稳态等效电路

由图可以导出

$$I'_r = \frac{U_1}{\sqrt{\left(R_s + C_1\dfrac{R'_r}{s}\right)^2 + \omega_1^2 (L_{1s} + C_1 L'_{1r})^2}} \tag{2.22-a}$$

其中，ω_1 为同步频率；$C_1 = 1 + \dfrac{R_s + j\omega_1 L_{1s}}{j\omega_1 L_m} \approx 1 + \dfrac{L_{1s}}{L_m}$，在一般情况下存在 $L_m \gg L_{1s}$，可忽略铁损和励磁电流，故 $C_1 \approx 1$。因此，电主轴转子电流可简化为

$$I'_r = \frac{U_1}{\sqrt{\left(R_s + \dfrac{R'_r}{s}\right)^2 + \omega_1^2 (L_{1s} + L'_{1r})^2}} \tag{2.22-b}$$

根据电机学原理可知，电主轴内部三相电机电磁功率 $P_e = 3I_r'^2 \dfrac{R'_r}{s}$，同步机械角速度 $\omega_{m1} = \dfrac{\omega_1}{n_p}$，$n_p$ 为极对数，则异步电主轴的电磁转矩为

$$T_e = \frac{P_e}{\omega_{m1}} = \frac{3n_p}{\omega_1} I_r'^2 \frac{R'_r}{s} = 3n_p \left(\frac{U_1}{\omega_1}\right)^2 \frac{s\omega_1 R'_r}{(sR_s + R'_r)^2 + s^2 \omega_1^2 (L_{1s} + L'_{1r})^2} \tag{2.23}$$

式（2.23）是在恒压恒频供电情况下异步电主轴的机械特性方程。当负载为恒转矩负载时，由式（2.23）可知，ω_1 不同时，异步电动机将自动地通过改变 s 来适应和平衡负载，即电主轴可保持恒转矩调速。

当 s 很小时，可忽略式（2.23）分母中含 s 的各项，则上式可简化为

$$T_e \approx 3n_p \left(\frac{U_1}{\omega_1}\right)^2 \frac{s\omega_1}{R'_r} \propto s \tag{2.24}$$

式（2.24）表明，在给定同步频率 ω_1 条件下，恒压频比调速中，电主轴的转矩与转差率成正比，机械特性是一段直线。当 s 接近于 1 时，可忽略式（2.23）分母中的 R'_r，则

$$T_e \approx 3n_p \left(\frac{U_1}{\omega_1}\right)^2 \frac{\omega_1 R'_r}{s[R_s^2 + \omega_1^2 (L_{1s} + L'_{1r})^2]} \propto \frac{1}{s} \tag{2.25}$$

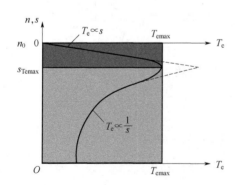

图 2.5　恒压频比控制系统电主轴机械特性

式（2.25）表明，当 s 接近于 1 时，转矩近似与 s 成反比，这时，机械特性是对称于原点的一段双曲线。当 s 处于中间段时，机械特性从直线段逐渐过渡到双曲线段，如图 2.5 所示。

在恒压频比控制条件下，当同步频率 ω_1 改变时，将式（2.24）变形为

$$s\omega_1 \approx \frac{R'_r T_e}{3n_p \left(\dfrac{U_1}{\omega_1}\right)^2} \tag{2.26}$$

此时的同步转速 n_0 也随频率变化

$$n_0 = \frac{60s\omega_1}{2\pi n_p} \tag{2.27}$$

带负载时的转速降落为

$$\Delta n = sn_0 = \frac{60s\omega_1}{2\pi n_p} \tag{2.28}$$

由式（2.26）和式（2.28）可见，当 U_1/ω_1 为恒值时，对于同一转矩 T_e 值，$s\omega_1$ 基本不变，因而 Δn 也是基本不变的。这就是说，在恒压频比的条件下，改变频率时，机械特性基本上平行下移，且该机械特性曲线有一最大值 T_{emax}：

$$T_{emax} = \frac{3}{2} n_p \left(\frac{U_1}{\omega_1} \right)^2 \frac{1}{\frac{R_s}{\omega_1} + \sqrt{\left(\frac{R_s}{\omega_1} \right)^2 + \left(L_{1s} + L'_{1r} \right)^2}} \tag{2.29}$$

从式（2.29）可知，频率越低，最大转矩值越小。但频率很低时，最大转矩值太小，将限制电主轴的负载能力。可采用定子压降补偿，适当地提高电压 U_1，可以增强负载能力。

以上分析的机械特性都是在正弦波电压供电的情况进行的，但由于电主轴供电多采用变频器供电，其输出波形为非正弦波形，电压源中含有谐波，将影响机械特性使其扭曲，并增加电动机中的损耗。图 2.6 为恒压频比控制时电主轴变频调速的机械特性实验曲线。

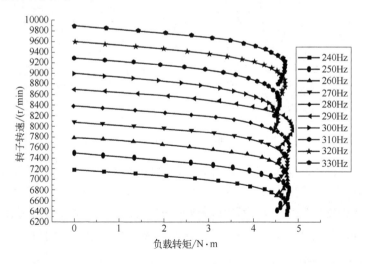

图 2.6　恒压频比控制时电主轴变频调速的机械特性实验曲线

（2）基频以上恒转矩控制的机械特性

在额定频率以上变频调速时，由于电压 $U_1 = U_{1N}$ 不变，式（2.23）的机械特性方程式可写成

$$T_e = 3n_p U_{1N}^2 \frac{sR_r'}{\omega_1 \left[\left(sR_s + R_r' \right)^2 + s^2 \omega_1^2 \left(L_{1s} + L_{1r}' \right)^2 \right]} \tag{2.30}$$

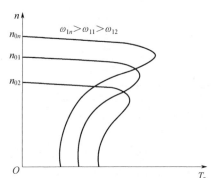

最大转矩表达式可改写为

$$T_{emax} = \frac{3}{2} n_p U_{1N}^2 \frac{1}{\omega_1 \left[R_1 + \sqrt{R_1^2 + \omega_1^2 \left(L_{11} + L_{12}' \right)^2} \right]} \tag{2.31}$$

同步转速的表达式仍为式（2.27），由此可见，当角频率提高时，同步转速随之提高，最大转矩减小，机械特性上移，但形状基本不变，如图2.7所示。由于频率提高而电压不变，气隙磁通势必减弱，导致转矩减小，但转速升高了，可以认为输出功率基本不变。

图 2.7　基频以上变频调速的机械特性

所以基频以上变频调速属于弱磁恒功率调速。

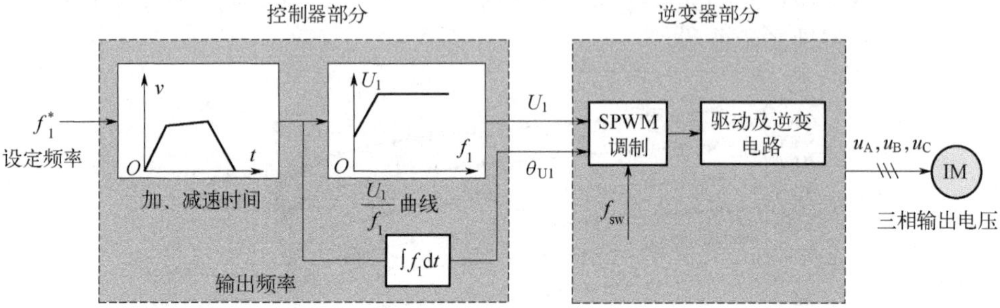

图 2.8　异步电主轴变频调速控制系统

基于上述的恒压频比控制，异步电主轴变频调速控制系统的一般框图如图2.8所示，图中 f_1^* 为控制系统最终要输出的频率指令，经过加减速时间设定环节得到逆变器实际输出的频率 f_1。设置加减速时间的目的是避免频率突变引起的转差频率过大的问题的发生。f_1 经积分可得 t 时刻逆变器输出电压的相角 θ_{U1}，根据 f_1 和设定的 $\dfrac{U_1}{f_1}$ 曲线可得输出的电压幅值 U_1，由 U_1 和 θ_{U1} 便可计算出所需的正弦电压，通过 SPWM（正弦脉宽调制）算法可得逆变器的驱动信号。

（3）电主轴恒压频比控制建模及仿真分析

根据图 2.8 变频调速原理，建立 V/f（压频比）控制的高速电主轴调速系统的仿真模型，如图 2.9 所示。模型中使用积分器用于控制频率上升速率，从而设定电动机的起动时间。在给定积分器的后面插入取整环节，使频率为整数。图 2.10 为根据 SPWM 原理设计的模型，该模型中包含 V/f 曲线环节。基于图 2.9 模型对电主轴定子电流及转子电流的谐波进行仿真，仿真中电主轴的参数如表 2.1 所示，仿真结果如图 2.11～图 2.16 所示。其中图 2.11 和图 2.12 分别为电主轴定子及转子加载情况下（$T = 4\mathrm{N \cdot m}$）电流及谐波，图 2.13 和图 2.14 分别为空载条件下电主轴定子电流谐波及转子电流谐波，图 2.15 及图 2.16 为电主轴空载及加载条件下的速度响应曲线。

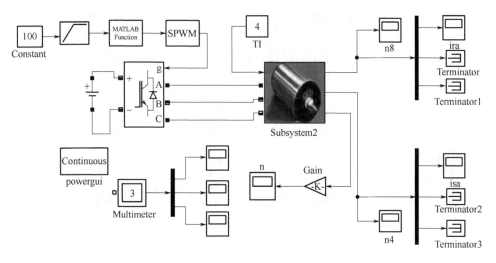

图 2.9 电主轴 V/f 调速系统仿真模型

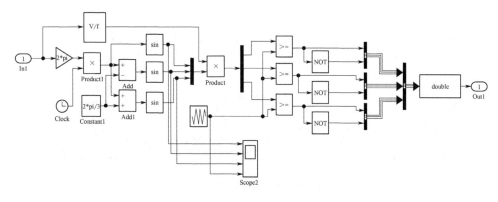

图 2.10 SPWM 仿真模型

表 2.1　V/f 调速系统模型参数或设置

项目	参数或设置
电主轴	$U_{\mathrm{N}}=350\mathrm{V}$；$f_{\mathrm{N}}=1000\mathrm{Hz}$；$P=15\mathrm{kW}$；$R_{\mathrm{s}}=0.253\Omega$；$L_{\mathrm{s}}=0.00032\mathrm{H}$；$R_{\mathrm{r}}=0.105\Omega$；$L_{\mathrm{m}}=0.0364\mathrm{H}$；$L_{\mathrm{s}}=0.00032\mathrm{H}$；$J=0.285\mathrm{kg\cdot m}^2$；$n_{\mathrm{p}}=2$
积分器设置	1×10^{4}
取整设置	round（圆整）
载波频率	1500Hz
逆变器直流侧电压	350V
仿真精度	1×10^{-3}

注：U_{N} 为额定电压，f_{N} 为额定频率。

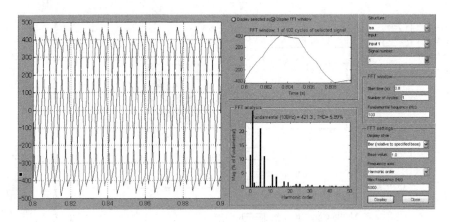

图 2.11　T=4N・m 定子三相电流及谐波

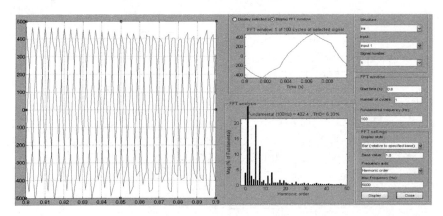

图 2.12　T=4N・m 转子三相电流及谐波

从图 2.11 和图 2.12 中可以看出，采用 SPWM 方式的电主轴 V/f 调速系统定子电流及转子电流中均存在有谐波成分，主要为 5、7、11…次谐波，且各次谐波幅值不同。其中定子电流的谐波因载荷变化非常小，可以忽略不计，转子电流谐波随载荷变化比较明显。

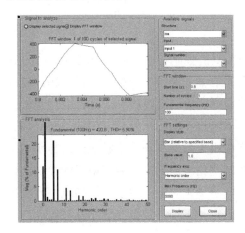 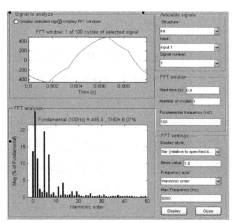

　　图 2.13　空载定子电流谐波　　　　　　　　图 2.14　空载转子电流谐波

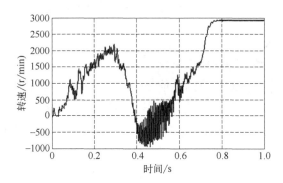

图 2.15　V/f 空载速度响应

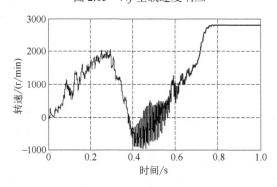

图 2.16　V/f 加载 4N·m 速度响应

此外，比较图 2.15 及图 2.16 的仿真结果可知，V/f 控制模式下空载升速与加载（4N·m）升速两种情况下，系统达到稳定的时间基本相同，因此载荷对 V/f 控制的升速时间没有影响。

2.2.2 矢量控制

在电主轴驱动系统中，主要使用矢量控制的控制方法。矢量控制方法是在 20 世纪 60 年代末由 K. Hasse 在总结前人研究的如何解决交流异步电机解耦问题的基础上，加入自己对交流异步电机控制的理解提出的。1973 年，德国西门子的电气工程师 F. Blaschke 受到 K. Hasse 的启发，经过在西门子电机部门的试验寻找到了三相电机磁场定向控制方法，使用异步电机矢量控制理论来解决交流异步电机的转矩、转速控制问题，成功地将矢量控制理论应用到交流异步电机的控制上。

根据电机学的基本理论，在电动机的电磁场本质上，由于定子磁场与转子磁场相互作用，产生了电动机的电磁转矩。由定子磁场与转子磁场相互作用而产生的电磁转矩的公式可以表示如下

$$T_e = \frac{\pi}{2} n_p^2 \Phi_m F_s \sin\theta_s = \frac{\pi}{2} n_p^2 \Phi_m F_r \sin\theta_r \tag{2.32}$$

式中　　n_p ——电动机的极对数；

$\quad F_s$、F_r ——定、转子磁动势矢量模；

$\qquad \Phi_m$ ——气隙主磁通矢量的模值；

$\quad \theta_s$、θ_r ——定子磁动势矢量 $\boldsymbol{F}_s$ 与气隙合成磁动势矢量 $\boldsymbol{F}_\Sigma$ 之间的夹角、转子磁动势矢量 $\boldsymbol{F}_r$ 与气隙合成磁动势矢量 $\boldsymbol{F}_\Sigma$ 之间的夹角。

如图 2.17 所示，通常用电角度表示：$\theta_s = n_p\theta_{ms}$，$\theta_r = n_p\theta_{mr}$，其中 θ_{ms}、θ_{mr} 为定转子的机械角。

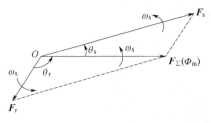

图 2.17　执行器磁动势、磁通空间矢量图

要实现对电动机的转矩的控制，需要控制三个量，即定子磁动势 F_s、转子磁动势 F_s 和定子与转子映射在空间坐标系中的位置。控制了各相电流的瞬态相位就会控制住空间坐标系中的角 θ_s、θ_r，从而控制住各相电流的幅值。所以，对异步电动机定子各相电流（i_A、i_B、i_C）的实时动态控制的实现，是异步电动机转矩的控制能够被有效地实现的必要条件。

执行器的旋转磁场 φ_{ABC} 是由旋转磁动势产生出来的，磁动势又是通过定子绕组被输入呈 Y 形固定角度对称的三相正弦交流电 i_a、i_b、i_c 的基波进行矢量合成

而生成的。

如图 2.18（a）所示，旋转磁场的角速度等于变频器或电网电流的角频率 ω_s。因为对于除单相供电方式外任意数量相对称绕组，通入对应数量相对称正弦交流电流都能产生旋转磁场。两相异步电动机，如图 2.18（b）所示，它有两相定子绕组 α、β，在空间位置上呈垂直分布，它有两相对称的正弦电流 i_α 和 i_β，使 α、β 绕组旋转，产生旋转磁场 $\varphi_{\alpha\beta}$。如图 2.18（b）所示，在 α、β 两相绕组的旋转磁场中，与图 2.18（a）所示的三相交流绕组的磁场幅值、磁场转速和磁场旋转方向完全相同时，图 2.18（a）和（b）所示的两组交流绕组是等价的。得出结论，三相固定对称的交流绕组与两相固定对称的交流绕组具有相同的旋转磁场时，可以认为三相固定对称的交流绕组与两相固定对称的交流绕组等价，并确定了三相交流线圈中三相对称正弦交流电流 i_A、i_B、i_C 与两相对称正弦交流电流 i_α、i_β 之间的转换关系。

$$i_{\alpha\beta} = A_1 i_{ABC} \tag{2.33}$$

$$i_{ABC} = A_1^{-1} i_{\alpha\beta} \tag{2.34}$$

式（2.32）是一种变换关系方程，其中 A_1 为一种变换公式。

在等效直流电机模型中，等效执行器励磁绕组在空间内固定，电枢绕组是旋转的，但电枢磁势 F_a 在空间上的旋转是固定方向的，这种绕组被称作"伪静止绕组"（pseudo-stationary coil）。这个现象从电磁效应的角度提供了一个控制思路，这个控制思路是把直流电机的电枢绕组固定在电枢磁势上，则直流电机的励磁绕组和电枢绕组可等价为两个在位置上相互垂直的 DC（直流）绕组 d 和 q，如图 2.18（c）。d 绕组的直流电流 i_d 被称为励磁电流分量，q 绕组的直流电流 i_q 被称为转矩电流分量。

设 φ_{dq} 为合成磁通，是由 d 绕组和 q 绕组在通入直流电 i_d 和 i_q 时产生的，使 φ_{dq} 在空间中固定不动。如果 d 绕组和 q 绕组能够旋转起来，相对地来看 φ_{dq} 也随 d、q 绕组旋转。若磁通 φ_{dq} 的旋转速度、旋转方向和磁通数值与图 2.18（b）所示两相交流绕组所产生的旋转磁场 $\varphi_{\alpha\beta}$ 及图 2.18（a）所示三相交流绕组产生的旋转磁场 φ_{ABC} 一样，那么 d-q 直流绕组与 α-β 交流绕组及 A-B-C 交流绕组是等效的关系。按转子磁场定向理论认为旋转磁场也是等效的，那么 α-β 交流绕组可以等效为旋转磁场的 d-q 直流绕组，这样 α-β 交流绕组中的交流电流 i_α、i_β 与 d-q 直流绕组中的直流电流 i_d、i_q 之间是可以相互转换的。相互转换的关系式为

$$\begin{cases} i_{dq} = A_2 i_{\alpha\beta} \\ i_{\alpha\beta} = A_2^{-1} i_{dq} \end{cases} \tag{2.35}$$

式中， A_2 是另一种坐标变换式。

式（2.35）在物理学中的性质是一种旋转变化关系，在旋转磁场相同的情况下，如果 α-β 两相交流绕组中的电流 i_α、i_β 与和 d-q 两相旋转直流绕组中的电流 i_d、i_q 满足式（2.35），那么 α-β 交流绕组是可以等效为旋转的 d-q 直流绕组的。因为 α-β 两相交流绕组与 A-B-C 三相交流绕组在按转子磁场定向这一个条件下是等效的关系，所以，d-q 直流绕组就会与 A-B-C 交流绕组等效，即有

$$i_{dq} = A_2 i_{\alpha\beta} = A_2 A_1 i_{ABC} \tag{2.36}$$

由式（2.36）可以看出，两相旋转的直流绕组的直流电流 i_d、i_q 与三相交流绕组的电流 i_A、i_B、i_C 之间存在转换关系，因此控制了 i_d、i_q 就实现了对 i_A、i_B、i_C 的瞬时控制。

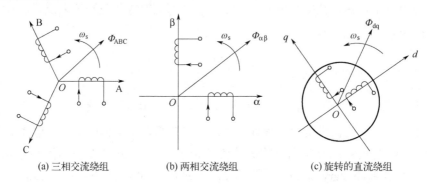

(a) 三相交流绕组　　　(b) 两相交流绕组　　　(c) 旋转的直流绕组

图 2.18　等效的交流电动机绕组和直流电动机绕组物理模型

在对三相交流异步电动机进行矢量控制的策略时，励磁电流分量 i_d 和转矩电流分量 i_q 视为被控量，给定的励磁电流控制量表示为 i_d^*，给定的转矩电流控制量视为 i_q^*，通过进行 d-q 坐标到 α-β 的坐标变换和 α-β 坐标到 A-B-C 坐标的连续变换，会得到三相交流电的控制量 i_A^*、i_B^*、i_C^*，这些控制量可以用来监控交流异步电动机的运行状态。

将以上所述做个总结，矢量控制的核心思想就是使用等效坐标变换的方式将自然坐标系下的三相电动机模型转换到两相的同步旋转坐标系下。这样等效转换而来的三相交流异步电动机的对转矩的控制方法与直流电动机对转矩的控制方法相同。

将矢量变换控制主要方法和控制的过程用框图来表达，如图 2.19 所示。其原理就是对转矩电流分量 i_q^* 和励磁电流分量 i_d^* 这两个量进行控制，设计相应的控制器。控制器需要实际测得的三相电流，再将三相电流经过矢量坐标变换，得到在同步旋转坐标系下的实际的 i_d 和 i_q。i_d 和 i_q 用来作反馈量，与给定控制的 i_d^* 和 i_q^* 进

行差量控制。基于这个思路建立的电主轴驱动系统闭环控制系统属于矢量控制。

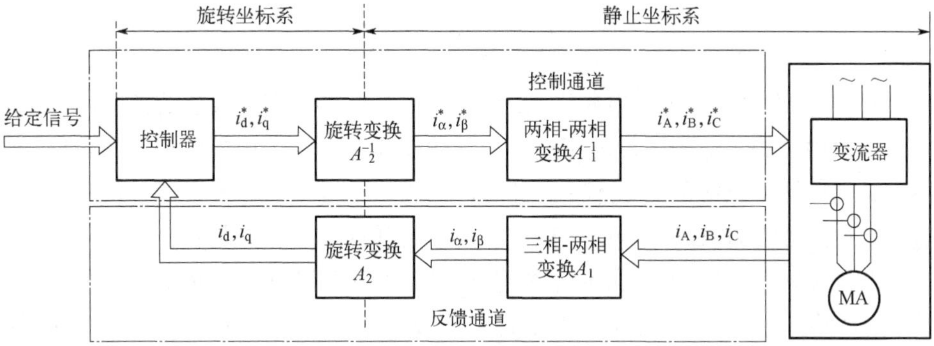

图 2.19　矢量变换控制过程（思路）框图

2.2.3　直接转矩控制

直接转矩控制系统是一种高性能交流电机变频调速系统。其特点是直接计算电动机的电磁转矩并由此构成转矩反馈，具有控制思想新颖、控制结构简单、控制手段直接、信号处理的物理概念明确、动态性能好等优势。近年来，直接转矩控制备受各国学者的关注，有关直接转矩控制的研究也越来越多。而直接转矩最核心的问题之一是定子磁链观测，定子磁链的观测要用到定子电阻，因此研究电主轴定子电阻的影响因素及变化规律至关重要。

电磁转矩可以表示为定子磁链空间矢量 $\boldsymbol{\psi}_s$ 和定子电流空间矢量 $\boldsymbol{i}_s$ 的叉乘形式：

$$\boldsymbol{T}_e = n_p \boldsymbol{\psi}_s \times \boldsymbol{i}_s \tag{2.37}$$

在定子坐标系中，定子磁链和转子磁链的空间矢量为：

$$\begin{cases} \boldsymbol{\psi}_s = L_s \boldsymbol{i}_s + L_m \boldsymbol{i}_r \\ \boldsymbol{\psi}_r = L_m \boldsymbol{i}_s + L_r \boldsymbol{i}_r \end{cases} \tag{2.38}$$

因此，转子电流可通过下式表示：

$$\boldsymbol{i}_r = \frac{1}{L_r}(\boldsymbol{\psi}_r - L_m \boldsymbol{i}_s) \tag{2.39}$$

将转子电流代入定子磁链方程中，可得定子电流矢量：

$$\boldsymbol{i}_s = \frac{\boldsymbol{\psi}_s}{L_s'} - \frac{L_m}{L_r L_s'}\boldsymbol{\psi}_r \tag{2.40}$$

将 i_s 代入式（2.37）中，可得电磁转矩的另一表达形式：

$$T_e = n_p \frac{L_m}{L_r L_s'} |\psi_s||\psi_r| \sin \delta_{sr} \tag{2.41}$$

其中，L_s' 为定子等效电感；δ_{sr} 为定子磁链和转子磁链矢量的空间电角度。由于定子磁链矢量作用下，转子磁链矢量的变化滞后定子磁链的变化，可以认为在短时间内转子磁链的矢量不变。此时，只要保持定子磁链矢量的幅值不变，电磁转矩控制的实质就是控制定子磁链和转子磁链的空间相对位置。

在直接转矩控制中，定子磁链矢量 ψ_s 幅值和相位的变化是依靠改变外加电压矢量 u_s 实现的。u_s 的改变可以改变 ψ_s 相对 ψ_r 的旋转速度，使其超前、滞后或停止，也就是改变 δ_{sr} 来控制电磁转矩。

2.3 多域仿真建模平台

2.3.1 物理系统建模软件 Simscape

Simscape 软件是由 Simulink Multibody 软件通过多次版本迭代、多种模块封装与添加之后逐渐形成的物理系统建模软件，其物理系统模块包含机械、电气、热力学、液压等学科的上千种封装好的模块，几乎涵盖了物理学科领域中的全部内容。Simscape 在一些领域的应用如图 2.20 所示。

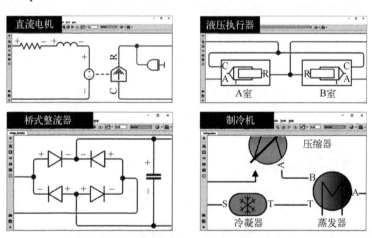

图 2.20 Simscape 在一些领域的应用

Simscape 中的各个物理系统模块能够直接使用，且每个模块的图标是各个物理组件的简图。在使用 Simscape 进行物理系统建模时，可以像绘制物理系统简图一样对物理系统进行建模。

Simscape 还具有与其它软件和硬件联合的接口。Simscape 来自 Simulink，所以 Simscape 物理系统模块与 Simulink 算法模块能够直接地联合使用。Simscape 可以通过 Multibody-link 接口模块导入由三维设计软件 Solidworks 绘制的数字化模型，使得模型更加形象，如图 2.21。同时 Simscape 支持 hardware in the loop（HIL，硬件在环）技术，能够与硬件相连进行测试，其中的物理系统模块可以替代真实的设备。

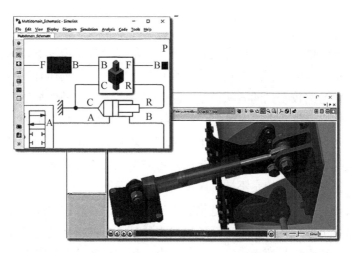

图 2.21　三维模型在 Simscape 中的使用

2.3.2　控制系统仿真软件 Simulink

（1）状态空间理论

任何一个系统都是由若干个元件构成的，每个元件都有其特定的物理功能。组成系统的元件，不论是电气的，还是机械的，其物理功能总可以用相应的物理量和物理量之间的数学模型来描述。数学模型是系统物理功能空间在数学上的表达式，是对物理模型和物理特性在数学上的描述。

系统是由很多相互制约的因素组合在一起而构成的一个整体。它可能是具有反馈单元的闭环整体，也可能是不具有反馈单元的开环整体，也可能仅仅是一个简单的对某些量的控制设备或控制对象。本节所讨论的系统具有多输入、多输出的特性，如图 2.22 所示。

图中方块部分表示系统，其它部分是系统输入与系统输出。在对系统进行分析时，我们一般用向量 $\boldsymbol{u} = [u_1, u_2, \cdots, u_p]^\mathrm{T}$ 表示系统的输入，用 $\boldsymbol{y} = [y_1, y_2, \cdots, y_p]^\mathrm{T}$ 来表示系统的输出。这两个量都属于系统外部对系统的影响量，研究系统内部的量用向量 $\boldsymbol{x} = [x_1, x_2, \cdots, x_n]^\mathrm{T}$ 进行表示。

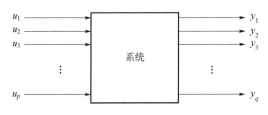

图 2.22　多输入多输出系统示意图

　　系统的数学模型描述可以定义为找到一个能够反映系统变量之间相互作用关系和转换关系的数学模型的过程。对于系统进行数学模型描述有很多种方法。在学术界有两种是比较常见的方法。第一种是只对系统进行外部描述，即只考虑系统的输入和输出。在这样的描述中，系统是一个"黑箱"，我们不去了解其内部的机理，即只考虑外部的输入经过这个"黑箱"之后的输出情况，也可以将其理解为一个不知其表达式的函数。这种方法只考虑系统外部变量间存在的因果关系，而对系统内部造成的影响是不被考虑在内的。

　　对于系统的另一种描述方法是状态空间描述方法，状态空间描述方法是将系统的内部描述也考虑在内。这种系统描述方法是从内部对系统进行分析，然后建立能够描述系统内部的数学模型，这个从内部描述系统的数学模型由两个方程组组成：一个是系统内部变量 $\boldsymbol{x} = [x_1, x_2, \cdots, x_n]^\mathrm{T}$，另一个是系统外部输入变量 $\boldsymbol{u} = [u_1, u_2, \cdots, u_p]^\mathrm{T}$。这两个变量的组合能够形成系统的数学表达方程式，能够表现出系统输入与系统输出的因果关系。此方程需要表示成微分方程或差分方程的形式，且该微分方程或差分方程中每个方程式都是一阶微分的形式。而输出方程由系统内部变量 $\boldsymbol{x} = [x_1, x_2, \cdots, x_n]^\mathrm{T}$、系统外部输入变量 $\boldsymbol{u} = [u_1, u_2, \cdots, u_p]^\mathrm{T}$ 和系统输出变量 $\boldsymbol{y} = [y_1, y_2, \cdots, y_p]^\mathrm{T}$ 组合建立。系统的外部描述方程只能对系统的外部特征进行描述，不会对系统内部构造、结构特征等情况进行描述。

　　在时域中，系统的行为或运动的总和被称为状态。状态变量则是能够表征系统行为或运动的一组变量中最小的变量。例如，一个用 n 阶微分或差分方程描述的系统，只有具备 $x(t_0), \dot{x}(t_0), \cdots, x^{(n-1)}(t_0)$ 这 n 个初始条件和 $t \geqslant t_0$ 的输入 $u(t)$ 给定时，才能够得到方程的唯一解，这个解就是系统在下一个取样时间的状态。由此，可以认为这 n 个独立的变量是可以作为状态变量的。通过状态变量能够确定系统的行为，状态变量是必要条件也是充分条件。当 n 个独立变量数正好等于 n

阶系统的阶次 n 时，系统是可以求解的。当独立的变量的个数小于 n 阶系统的阶次时，系统处于多自由度状态，需要给出相差的自由度数的条件才能使系统可解。当独立的变量的个数大于 n 时，会对系统的状态造成冗余的影响。

简而言之，状态空间模型是系统的一种数学模型，状态空间模型能对控制系统、电路系统、机械系统、物理系统等进行描述并能够通过数值法进行求解。

建立状态方程的一般方法是充分考虑系统的机理特性来合理地建立系统的微分方程或者差分方程，然后挑选需要观测的物理量充当状态变量，最后导出系统的状态空间方程组。如何选择状态变量没有唯一和统一的标准和方法，对同一个系统可以有多种不同的状态变量选择方法。选择的状态变量在现实生活中难以测量或者并不一定是可以测量出来的，有的只是理论上可以测量，有的只具备数学上的意义，却没有任何的物理意义。在具体的工程实践建立系统时，需要尽可能地选择能够测量和容易测量的量作为系统的状态变量。

对于系统状态空间模型有很多种建立方法，其一是由系统的机理来直接建立系统状态空间表达式（方程组）。建立某个给定系统的状态空间表达式，可以说是一个极为重要的问题。因为采用状态空间法对系统进行分析时，首先要有状态空间表达式所描述的数学模型，这是分析和综合问题的依据。对于现实生活中的物理系统，按照学科分类可以分为机械、电气、液压、热力等系统，根据它们在各自学科中表现出来的规律，例如牛顿三大定律、基尔霍夫电路定律等，就能够建立系统的状态空间表达式。其二是利用系统框图来表示系统的状态空间方程组，状态空间方程组在数学公式中的表现是在每个方程中只有一个微分，这样的方程组可以使用数值的方法进行求解。系统图法建模是将系统的各个环节用模拟结构图的方式进行表示，结构图中每个积分器的输出设置为一个状态变量 x。这样 x 的输入便是 x 的微分或导数 $\dot{x}$。多域仿真平台的系统建模技术主要使用系统框图的方式，系统框图的表示方法比较形象直观，易于理解，由此可以直接对系统进行原理的设计与分析，一些以图形化语言编程的软件可以直接在系统框图层面上进行仿真分析，既方便又形象。

（2）框图法建模软件 Simulink

状态空间模型是系统的数学模型的一种，系统的数学模型可以使用框图的形式进行表示。对于控制系统、电路系统、执行器系统等使用框图法进行建模需要用图形化的编程语言来进行，本节使用 Simulink 软件进行电主轴驱动系统的状态空间框图法建模。事实上，很多使用图形化语言编程的软件都可以进行框图法建模。例如 Labview、Scratch 等。

Simulink 在 1993 年问世，Simulink 是将图形化编程语言用于工程上的仿真平台。Simulink 被嵌入在 Matlab 数学分析软件中，Simulink 背靠 Matlab 强大的数值仿真基础，具有使用直观的模块框图进行仿真和科学计算的优点。Simulink 起初是为了研究控制系统而建立的基于模型的设计工具，经过软件的更新迭代，Simulink 的功能越来越完善，对于很多控制算法的公式都可以使用 Simulink 进行可视化的框图结构表示。因此，系统的数学模型公式完全可以使用 Simulink 软件进行基于模型设计的建模。使用 Simulink 对系统进行状态空间框图法的建模分析十分方便，并且模型示意图与框图的图标一致，非常形象，便于设计人员理解。

Simulink 的框图模型不仅能够直观地对系统进行建模与仿真分析，还具有利用模型进行硬件代码自动生成的功能。例如，通过 STM32-Mat\Target 接口模块可以将框图模型转换成供意法半导体公司的 STM32 系列芯片使用的 C/C++代码。Simulink 的这个功能能够将控制器硬件的设计简化，实现数字化的控制系统仿真向现实控制电子设备的转换。

2.3.3　有限元理论及应用软件 Ansys-workbench

（1）有限元理论

在以前，对工程和科学研究中的工业产品进行数学建模分析时，只有当被分析对象的形状规则、考虑的物理特性少，整体的机理与特征简单的情况下，才能够建立出模型并求出其相应的解析解，但通过这种方式求出的解析解并不准确，因为现实中的工业产品几乎达不到理想的情况。在大多数的情况下，由于工业产品的复杂性，所以其模型也应该是复杂的。有限元理论的思想是将复杂的模型进行分解，分解成每一个小块，但这些小块并不是彼此割裂的，它们是由某种物理学的理论连接而成的。只是在分析时逐个分析，它们之间的联系作为各个小块中的一个初始或限制条件。应用有限元法能够解决复杂形状的工业设备与产品的工程与数学问题。

（2）有限元法的基本步骤

有限元法发展至今，按照求解性质可以把有限元法能解决的问题分为三类：不依赖时间的平衡问题、特征值问题、随时间变化的瞬态问题。不同问题的具体求解过程有所区别，但它们的基本思想都是将无限自由度问题转化为有限自由度问题，再用数值方法求解。有限元分析的第一步是对工业产品模型进行结构离散，将产品模型划分为有限个单元，单元之间通过节点连接起来，离散化后的有限元结构与原来的模型结构几乎相同。

第二步是建立单元位移函数，把有限个单元上任意一点的唯一分量表示为坐标的一个函数，这个函数在单元间连接的节点上的值是已知的，即将单元位移通

过多项式插值的方式建立。如二维位移函数一般为

$$f(x,y) = a_1 + a_2 x + a_3 y + a_4 x^2 + a_5 xy + a_6 y^2 + \cdots + a_m y^n \qquad (2.42)$$

第三步是对有限元模型进行单元特性分析，即根据各个学科中的物理学原理，将模型的载荷等效地移置到各个单元节点上，生成单元等效节点载荷矩阵。确定好单元的刚度矩阵后，按照相应的节点编号集成到总体矩阵，载荷也按相同方式集成为总体载荷向量，建立整个结构的总体平衡方程，然后引入模型的边界条件，对方程组求解以得到节点位移，再进一步求得各个单元的内力与变形等。在有限元分析中，为了更加直观地表示求解结果，通常还要在求解之后将结果数据进行处理，以云图、矢量图、曲线等方式进行显示。

（3）有限元分析软件

Ansys-workbench 是一个大型的通用的有限元分析软件。Ansys-workbench 软件将 Ansys 公司旗下的所有物理域（系统）的数值分析模块集成在一起，只用 Ansys-workbench 这一个平台就可以进行机械、电气、流体、热力学等多种物理域的分析。同时，还能够将多物理域进行耦合分析，即彼此之间互为载荷输入和结果输出。

使用 Ansys-workbench 软件进行有限元分析，由建立模型、网格划分、设置初始及边界条件、运行求解、后处理得到数据及图像五个基本步骤组成，如图 2.23 所示。一般而言，分析不同物理域会有不同的有限元模型的公式和推导方法，根据需要对分析的类型、所属学科进行分类。但是无论在什么样的学科中进行有限元分析，建立什么样的有限元推导公式，使用 Ansys-workbench 软件进行有限元分析都是按照图 2.23 所示的基本流程进行的。

图 2.23　应用 Ansys-workbench 有限元分析软件流程

第 **3** 章

电主轴驱动系统故障建模技术

电主轴驱动系统的驱动器即交流-直流-交流变频器。执行器电动机的转速主要由电网的频率决定，但我国的工业交流电只有 50Hz 这一种频率模式，即若仅仅使用电网供电，电动机的转速无法改变。要达到变频调速的目的，需要使用变频器改变交流电的频率。变频器主要是由电子电路组成的，所以主电路是其故障的主要来源。因此，本章对变频器的主电路故障进行仿真分析来探寻能够预判故障的信号。电路系统可以通过数学模型进行描述，也可以通过 Simscape 软件进行形象的描述。Simscape 中的各个电路模块的图标都是代表其内容的电路简图，且各模块之间的连线即代表导线相连。在本章中，使用 Simscape 对驱动器的主电路进行建模，使用 Simulink 对 PWM 波生成器进行算法的建模。此外，在 SVPWM（空间矢量脉宽调制）算法中，使用 Simulink 不仅建立了 PWM 波生成器的算法模型，还建立了逆变电路的数学框图模型。

3.1 变频器主电路故障建模与仿真分析

变频器是一种复杂的电流、电压控制装置，在其硬件电路部分应用了电力电子技术中的开关电源技术，在其控制算法部分应用了变频技术与微电子技术。电主轴驱动系统驱动模块使用的变频器主要是不可控晶闸管整流器整流-脉宽调制逆变器调压调频的变频器，其工作原理如图 3.1 所示。电主轴驱动系统驱动模块的变频器主要由主电路和 PWM 波生成器组成。其中主电路包括由 6 个晶闸管组成的三相桥式整流电路、由 6 个 IGBT 组成的三相桥式逆变电路、滤波器单元。PWM 波生成器是由具体的 PWM 波生成算法组建的电子电路。变频器的工作原理可以概括为交流-直流-交流的工作模式，首先将由电网输入的三相交流电（AC）经过整流电路整流成直流电（DC），再通过逆变电路逆变成所需频率的三相交流电。

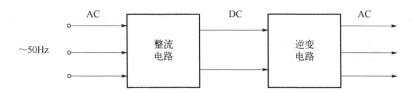

图 3.1　电主轴驱动系统变频器原理图

交流-直流-交流型变频器的主电路部分主要由整流电路（整流器）、逆变电路（逆变器）、滤波器电路等组成，它们之间相互联系，功能上各有不同，一起构成了复杂且高效的变频调速系统的主电路部分。

整流器的电路图如图 3.2 所示，整流器从左至右分别是三相电压源、三相电路上的电感、由 6 个不可控晶闸管组成三相桥式整流电路，最右边是电感和电阻，用于生成直流电，是电路中的滤波器部分，即将整流后的波形再进一步滤波，使其更加平滑。

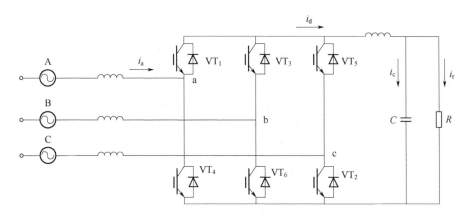

图 3.2　整流器电路图

逆变器的模型如图 3.3 所示，逆变器从左至右则是直流电源，6 个起高频率开

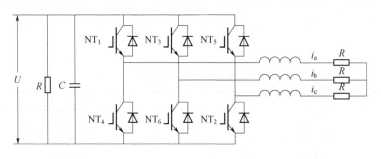

图 3.3　逆变器电路图

关作用的 IGBT 组成的三相桥式逆变电路，各 IGBT 的开关变量由外部的 PWM 波输入，最右面是电机负载。从结构上可以看出，整流器和逆变器呈现互逆的结构，所以其多域仿真平台模型同样也是互逆的。从原理上来说，IGBT 去除掉可控单元就是普通晶闸管，所以在多域仿真平台模型中的体现是当不对 IGBT 输入脉冲波时，IGBT 就等效为晶闸管，进一步地可以将逆变电路及模型改建为整流电路及模型。

3.1.1 变频器主电路的数学模型

定义 $NT_1 \sim NT_6$ 6 个开关变量，上桥臂的三个开关变量为 s_a、s_b 和 s_c，下桥臂的开关变量 s_a'、s_b' 和 s_c'。开关变量的意义是表示 6 个 IGBT 的开启和关闭状态。当开关变量值为 1 时，表示该处的 IGBT 处于导通的状态。同样地，当开关变量值为 0 时，表示该处的 IGBT 处于截断状态。在实际的逆变电路中，同一相的上下桥臂不能同时导通，也不能同时关断，所以逆变器的开关状态的数量为 8（2^3）种。不同的开关状态组合（s_{abc}）表示了不同的基本电压空间矢量，逆变器的 8 种开关状态对应 8 种电压空间矢量，各矢量为

$$U_{out} = \frac{2U_{dc}}{3}\left(s_a + s_b e^{j\frac{2}{3}\pi} + s_c e^{-j\frac{2}{3}\pi}\right) \tag{3.1}$$

式中 U_{dc}——直流母线电压。

此外，逆变出的相电压 V_{AN}、V_{BN}、V_{CN} 与各桥臂上开关变量之间的关系为

$$\begin{cases} V_{AN} = \dfrac{U_{dc}}{3} 2s_a - s_b - s_c \\[2mm] V_{BN} = \dfrac{U_{dc}}{3} 2s_b - s_a - s_c \\[2mm] V_{CN} = \dfrac{U_{dc}}{3} 2s_c - s_a - s_b \end{cases} \tag{3.2}$$

式（3.2）即为逆变器电路的数学模型。

使用 Simscape 对电主轴驱动系统的变频器主电路进行建模如图 3.4 所示，模型的参数如表 3.1 所示。在此模型中产生 PWM 波的方法是调用 Simulink 中的 SPWM 波生成器。

表 3.1 变频器 Simscape 模型参数

部件	数值及单位
二极管导通电阻	0.001Ω
IGBT 导通电阻	0.001Ω
电容	0.01F
电阻	25Ω

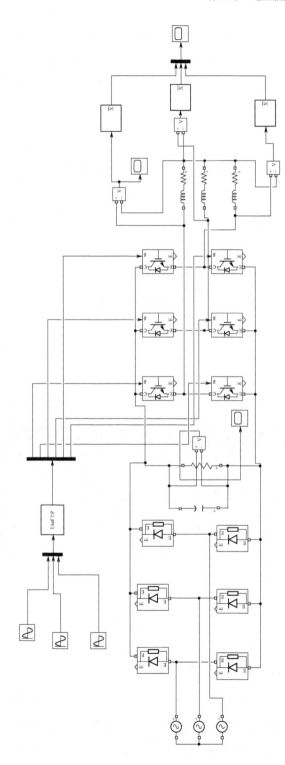

图 3.4 变频器 Simscape 模型
（——表示电阻，与□含义相同）

由变频器的仿真结果可知，整流电路与逆变电路都能正常工作。整流结果如图 3.5 所示，等效电压如图 3.6 所示，逆变结果如图 3.7 所示，说明仿真模型基本具备变频器的功能与特点。数字空间的模型与真实物理空间中的交流-直流-交流逆变器一样，都能够实现整流和逆变过程。使用 Simscape 对电路建模在图形上也与真实的逆变器一样。

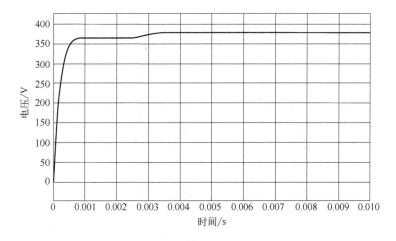

图 3.5　整流结果图

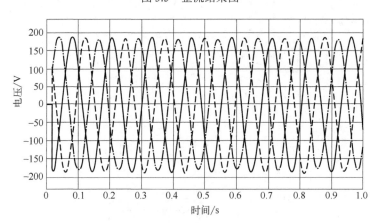

图 3.6　等效电压结果图

3.1.2　变频器与 PWM 波生成器

变频器的脉宽调制（PWM）的调制原理是对逆变电路 IGBT 的开通与关断时间进行控制，使各相输出一系列具有与直流电压源相等电压值的脉冲波。这些脉冲波在时域上表现为幅值相同但脉宽不同的矩形波，这些脉冲波在脉宽上的分布符合正弦规律或者符合给定的波形的规律。通过脉宽调制得来的由脉冲组成的"正弦波"并不是严格意义上的正弦波，是等效的正弦波，即这些脉冲波在一个开关周期内的平均值等于正弦波或任意波形的平均值，将离散的各个平均值平滑地连接起来的波形几乎会与正弦波或任意波形在时域上重合，这也叫作平均值等效原理。由于脉冲波的幅值等于直流电压源的幅值，所以直流电压源的幅值往往决定逆变电压的幅值。

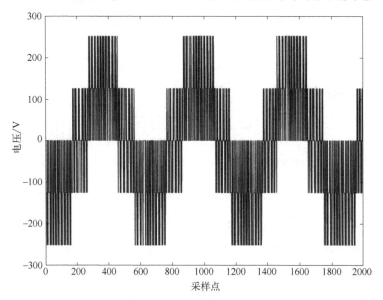

图 3.7　逆变结果图

常用的 PWM 波生成算法如下所示。

（1）电流跟踪型 PWM

电流跟踪型 PWM 的原理跟名字一样，首先是对电流进行控制，让实际的电流的波形始终在正弦波电流或者任意电流波形的周围浮动，具体实现原理是将实际电流与正弦电流或任意波形电流进行差值比较。当差值达到设定的上限值时，改变逆变器 IGBT 的开关状态，使电流减小。当差值达到设定的下限值时，改变逆变器 IGBT 的开关状态，使电流增加。假定系统均为线性系统，且各元器件的特性不随时间而改变，逆变出的电流会呈现直线上升或下降的形状，逆变电流（实际电流）跟踪着给定的电流。电流跟踪型 PWM 波生成器原理如图 3.8 所示，图 3.8（a）为 A 相电路图，图 3.8（b）为生成 PWM 波的原理图。

图 3.8（a）中 V_1、V_4 组成逆变器 A 相开关桥臂，L 是逆变电路的负载，将负载中的电流 i_a 与给定电流 i_a^* 进行差值比较。设偏差信号 $\Delta i = i_a^* - i_a$，将上偏差值与下偏差值设为同一个值，称为环宽 ΔI。当偏差超过滞环控制器的环宽 ΔI 时，

则改变逆变器开关状态，且当 V_1 导通时负载电流增加，V_4 导通时负载电流下降。驱动脉冲和电流波形如图 3.8（b）所示，逆变器输出的电流 i_a 跟随给定电流 i_a^* 的波形在时域上呈现锯齿形变化规律。

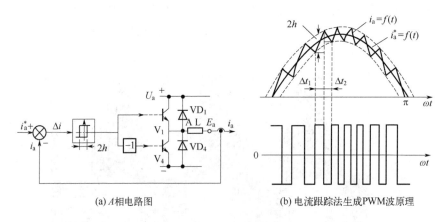

(a) A 相电路图　　　　　　　(b) 电流跟踪法生成 PWM 波原理

图 3.8　电流跟踪型 PWM 波生成器原理图

图 3.9 所示是电流跟踪型 PWM 波生成器的 Simulink 模型。其中 i_{abc}^*（即图中的 i*abc）表示给定的电流波形，i_{abc}（即图中的 iabc）表示实际检测到的电流波形。滞环模块代表给定与实际电流波形的偏差值，即实际电流始终在偏差值范围内跟随给定电流。

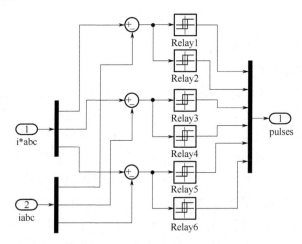

图 3.9　电流跟踪型 PWM 波生成器 Simulink 模型

（2）正弦脉宽调制（SPWM）

SPWM 的控制方法是使用高频次的三角形载波与需要调制的三相正弦波进行

比较运算。SPWM 的原理如图 3.10 所示，由原理图可以看出比较运算的原理是每次三角波与给定的波形相交时会使 PWM 脉冲波触发上升沿和下降沿，上升沿和下降沿交替触发，从而控制相电压。图 3.11 是 SPWM 波生成器的 Simulink 模型。

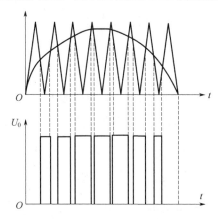

图 3.10　SPWM 原理图

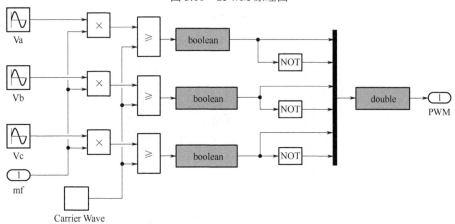

图 3.11　SPWM 波生成器的 Simulink 模型

（3）空间矢量脉宽调制（SVPWM）

SVPWM 控制算法是一种比较实用且高效的控制思路和算法，它根据空间电压（或电流）的矢量切换来产生准圆形的旋转磁场。该算法的本质是对应于交流驱动器逆变电路中的 IGBT 的一种触发开关顺序和 PWM 脉冲波脉宽的组合。SVPWM 算法依然是基于平均值等效原理，在一个开关周期内，将脉冲波在 α 和 β 轴上的脉冲波的平均值进行矢量相加，并使这个值等于给定电压矢量。如图 3.12 所示，图中分为 6 个扇区。在某个时刻，给定电压空间矢量 U_{out} 旋转到某个扇区时，可由脉冲波在 α 和 β 轴上的平均值进行矢量相加得到。以扇区 Ⅰ 为例，空间矢量合成示意图如图 3.13 所示，可以得到下式：

$$T_s \boldsymbol{U}_{out} = T_4 \boldsymbol{U}_4 + T_6 \boldsymbol{U}_6 + T_0 \boldsymbol{U}_0 \tag{3.3}$$

$$T_4 + T_6 + T_0 = T_s \tag{3.4}$$

$$\begin{cases} \boldsymbol{U}_1 = \dfrac{T_4}{T_s} \boldsymbol{U}_4 \\[3mm] \boldsymbol{U}_2 = \dfrac{T_6}{T_s} \boldsymbol{U}_6 \end{cases} \tag{3.5}$$

式中，T_4、T_6、T_0 分别为 $\boldsymbol{U}_4$、$\boldsymbol{U}_6$ 和零矢量 $\boldsymbol{U}_0$（$\boldsymbol{U}_7$）的作用时间。

计算作用时间 T_4、T_6、T_0，并合成电压空间矢量。由图 3.13 可以得到

$$\frac{|\boldsymbol{U}_{out}|}{\sin \dfrac{2}{3}\pi} = \frac{|\boldsymbol{U}_1|}{\sin\left(\dfrac{\pi}{3}-\theta\right)} = \frac{|\boldsymbol{U}_2|}{\sin\theta} \tag{3.6}$$

式中，θ 为合成矢量与主矢量的夹角。

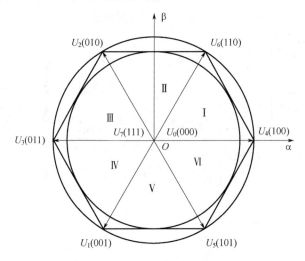

图 3.12　电压空间矢量图

将式（3.5）及 $|\boldsymbol{U}_4| = |\boldsymbol{U}_6| = \dfrac{2}{3}U_{dc}$ 和 $|\boldsymbol{U}_{out}| = U_m$ 代入式（3.6）中，可以得到

$$\begin{cases} T_4 = \sqrt{3}\,\dfrac{U_m}{U_{dc}}T_s\sin\left(\dfrac{\pi}{3}-\theta\right) \\[3mm] T_4 = \sqrt{3}\,\dfrac{U_m}{U_{dc}}T_s\sin\theta \\[3mm] T_0 = T_7 = \dfrac{1}{2}(T_s - T_4 - T_6) \end{cases} \tag{3.7}$$

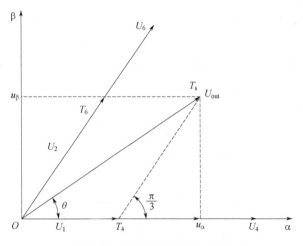

图 3.13　电压空间矢量合成图

定义 SVPWM 的调制比为

$$M = \frac{\sqrt{3}U_m}{U_{dc}} \tag{3.8}$$

在 SVPWM 算法中，需要满足 $|U_{out}| = U_m \leqslant 2U_{dc}/3$ 条件。经过简单计算可得 $M_{max} = 2\sqrt{3}/3 = 1.1547$。可以看出，SVPWM 的最大调制比高于 SPWM 的最大调制比。所以 SVPWM 算法能够对直流电压源进行更大程度的利用，这是 SPVWM 算法比 SPWM 算法好的一个方面。

SVPWM 算法的实现方法：

① 参考电压矢量的扇区判断。

要想实现电主轴驱动系统的 SVPWM 算法，给逆变电路提供驱动波并产生逆变电流，首先是要确定电压空间矢量 U_{out} 在本次的开关周期内会出现在如上文所述的 6 个扇区中的哪一个，U_{out} 可以分解为在静止坐标系中的 α 和 β 轴上的两个分量 u_α 和 u_β，定义 U_{ref1}、U_{ref2}、U_{ref3} 三个变量，令

$$\begin{cases} U_{ref1} = u_\beta \\ U_{ref2} = \dfrac{\sqrt{3}}{2}u_\alpha - \dfrac{1}{2}u_\beta \\ U_{ref3} = -\dfrac{\sqrt{3}}{2}u_\alpha - \dfrac{1}{2}u_\beta \end{cases} \tag{3.9}$$

再定义 3 个变量 A、B、C，通过分析可以得出：

若 $U_{ref1} > 0$，则 $A=1$，否则 $A=0$；

若 $U_{ref2}>0$ ，则 $B=1$，否则 $B=0$；

若 $U_{ref3}>0$ ，则 $C=1$，否则 $C=0$。

令 $N=4C+2B+A$，则可以得到与扇区的关系，如表 3.2 所示，通过表 3.2 可得出 $\boldsymbol{U}_{out}$ 所在的扇区。

表 3.2　N 与扇区的对应关系

项目	N 值					
	3	1	5	4	6	2
扇区	I	II	III	IV	V	VI

② 非零矢量和零矢量作用时间的计算。

由图 3.13 可以得出：

$$\begin{cases} u_\alpha = \dfrac{T_4}{T_s}\left|\boldsymbol{U}_4\right| + \dfrac{T_6}{T_s}\left|\boldsymbol{U}_6\right|\cos\dfrac{\pi}{3} \\ u_\beta = \dfrac{T_6}{T_s}\left|\boldsymbol{U}_6\right|\sin\dfrac{\pi}{3} \end{cases} \tag{3.10}$$

通过简单的计算，上式可变为

$$\begin{cases} T_4 = \dfrac{\sqrt{3}T_s}{2U_{dc}}\left(\sqrt{3}u_\alpha - u_\beta\right) \\ T_6 = \dfrac{\sqrt{3}T_s}{2U_{dc}}u_\beta \end{cases} \tag{3.11}$$

可以使用式（3.11）再得出其它扇区各个矢量的作用时间，设

$$\begin{cases} X = \dfrac{\sqrt{3}T_s u_\beta}{U_{dc}} \\ Y = \dfrac{\sqrt{3}T_s}{U_{dc}}\left(\dfrac{\sqrt{3}}{2}u_\alpha + \dfrac{1}{2}u_\beta\right) \\ Z = \dfrac{\sqrt{3}T_s}{U_{dc}}\left(-\dfrac{\sqrt{3}}{2}u_\alpha + \dfrac{1}{2}u_\beta\right) \end{cases} \tag{3.12}$$

可以得到各个扇区 $T_0(T_7)$、T_4 和 T_6，如表 3.3 所示。

如果 $T_4+T_6>T_s$，则需进行调制处理，令

$$\begin{cases} T_4 = \dfrac{T_4}{T_4 + T_6} T_s \\[3mm] T_6 = \dfrac{T_6}{T_4 + T_6} T_s \end{cases} \tag{3.13}$$

表 3.3　各扇区作用时间

作用时间	N 值					
	1	2	3	4	5	6
T_4	Z	Y	$-Z$	$-X$	X	$-Y$
T_6	Y	$-X$	X	Z	$-Y$	$-Z$
$T_0(T_7)$	$(T_s - T_4 - T_6)/2$					

③ 扇区矢量切换点的确定。

首先定义

$$\begin{cases} T_a = (T_s - T_4 - T_6)/4 \\ T_b = T_a + T_4/2 \\ T_c = T_b + T_6/2 \end{cases} \tag{3.14}$$

通过计算可以得到各个扇区的切换点时间 T_{cm1}、T_{cm2} 和 T_{cm3} 如表 3.4 所示。

表 3.4　各扇区切换点时间

切换点时间	N 值					
	1	2	3	4	5	6
T_{cm1}	T_b	T_a	T_a	T_c	T_c	T_b
T_{cm2}	T_a	T_c	T_b	T_b	T_a	T_c
T_{cm3}	T_c	T_b	T_c	T_a	T_b	T_a

对于 SVPWM 算法的实现，完成以上三个步骤后用一个高频率的三角形载波与切换点进行比较运算。当三角波曲线与切换点曲线相等时，使得 SVPWM 波触发上升沿或者下降沿。

由于逆变电路能够使用数学模型进行描述，且后续章节皆是使用逆变电路的数学框图模型，所以此处使用 Simulink 建立逆变电路和 SVPWM 波生成器的一体化的框图模型，如图 3.14 所示。图 3.15 和图 3.16 分别为变频器的实际输出电压波形和等效电压波形。

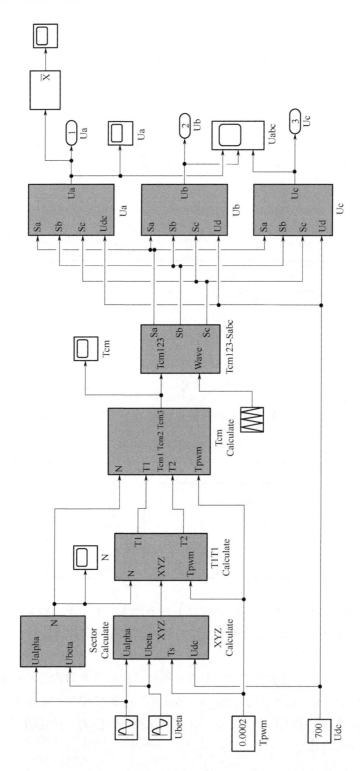

图 3.14 SVPWM 波生成器与逆变电路的一体化 Simulink 模型

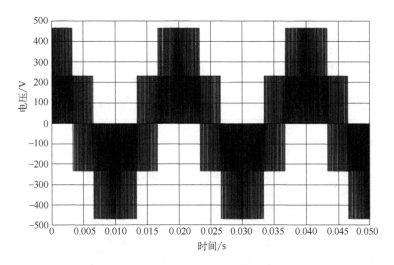

图 3.15　变频器实际输出电压波形

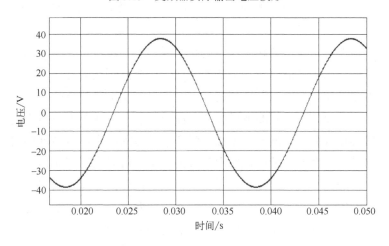

图 3.16　变频器等效电压波形

由电主轴驱动系统变频器的 PWM 波生成器可以看出，应用 Simulink 能够快速对微电子电路进行设计与仿真验证，无需设计人员对电子硬件十分精通就可以做出设计，实现算法。

3.1.3　主电路故障仿真分析

电主轴驱动系统的变频器是十分重要的一个元器件，是电主轴的能源驱动部分，也是故障的主要源头。发生故障时，轻则会使得驱动系统的调速不稳，对数控机床的加工精度和加工质量造成影响，严重时可能会导致数控机床运动系统以及机械设备损坏，甚至造成操作人员的伤亡和重大财产损失。变频器的主要故障分类如表 3.5 所示。

表 3.5　变频器故障分类表

分类依据	名称	故障特点
时间特性	突发性故障	设备正常运行时突然发生故障
	间歇性故障	设备出现故障却有时候能够正常使用
	老化故障	设备长时间工作出现的老化、疲劳等
发生部位	电源故障	变频器的供电电压不稳、过高或过低
	内部故障	整流器、逆变器和 PWM 生成器故障
	负载故障	常发于设备运行寿命的后期
发生特性	永久性故障	设备发生故障后不再出现正常工作的时候
	偶发性故障	难以确定发生故障的时间和规律

在变频器中，由整流电路和逆变电路组成的主电路电子元器件部分是发生故障的主要部分，因为其晶闸管和 IGBT 需要经历极高频次的开启与关断、导通与截流。主电路是变频器中极其薄弱的部分，所以对主电路故障的研究是变频器故障研究的一个重要方面。判断变频器主电路故障的一个重要手段是检测变频器的电流、电压等输入和输出信号，把故障状态下的输入输出信号与健康状态下的输入和输出信号进行对比，就可以发现故障的特征，可以由此来作为故障的标志。对电流和电压的检测是最简便也是能够获得大量信息的故障诊断方法。

在现实的生产活动中，严重故障甚至会导致变频器损坏，研究这种故障的变频器的特性是没有任何意义的。我们研究的是当变频器发生微小的、不影响变频器正常运行的故障，或当变频器发生退化时的初期的情况，但我们很难知道何时变频器开始性能退化与出现故障。可以利用 Simscape 建模软件，建立变频器的故障状态下的模型来模拟故障，并从故障的模型中探究及时判断故障的方法。

（1）变频器主电路故障

电主轴驱动系统变频器的主电路故障多数是发生在整流电路不可控的晶闸管中和逆变电路可控的 IGBT 中。在变频器运行过程中，由于高频次整流，晶闸管会进行高频次的导通与关断，使晶闸管的导通损耗非常大。IGBT 又会以更高频次的开关和导通的动作进行逆变。由于高频次的损耗，所以整流电路晶闸管部分和逆变电路的 IGBT 部分是变频器系统中薄弱的环节，其绝大部分的故障都是由整流电路的晶闸管和逆变电路的 IGBT 导致的。

使晶闸管或 IGBT 发生故障的原因很多，变频器的工作环境中灰尘较多、设备长时间使用造成的电子元器件性能发生退化、电网出现故障使得输入电压不稳或过大、变频器参数设置错误造成直流电瞬间过高等，都可能造成晶闸管或 IGBT 两端的电压过大或者通过的电流过高使其被烧毁。但无论外界造成故障的原因是什么，对于晶闸管或者 IGBT 的影响可以总结为两种情况，即发生断路故障和短路故障。Simscape 中电路系统的连线代表导线连接，所以，在 Simscape 中进行断路和短路的建模方式非常简单，即将电路断开代表断路，跨过元器件直接进行导线的相连代表短路。

（2）主电路故障仿真结果分析

通过上述的整流电路图和逆变电路图可以看出，整流电路由 6 个晶闸管组成，逆变电路由 6 个 IGBT 组成。考虑单一的故障，即考虑整流电路一桥臂的晶闸管断路和短路情况、逆变电路一桥臂 IGBT 的断路和短路的情况，从 Simscape 中直接拖拽晶闸管模块和 IGBT 模块，按照整流电路图和逆变电路图进行搭建，即为变频器主电路在正常状态下的仿真模型，如图 3.4 所示。将晶闸管或 IGBT 移除，代表在此处发生断路故障，用导线将晶闸管或 IGBT 替换掉，即代表在此次发生短路故障。将四种简单的故障情况使用 Simscape 软件进行多域仿真平台建模如下。

图 3.17 所示为变频器的整流电路发生断路故障的模型。整流器的 B 相上桥臂发生断路，其余部分保持正常状态。图 3.18 是变频器输出的等效电压图，从图中可以发现，变频器的整流电路发生断路故障时，会使电压略微增大，但并不明显。图 3.19 所示是实际输出电压图，从图中可以看出，当发生整流电路一桥臂断路时会使电压有残缺，呈现锯齿状。之所以要先查看等效电压图，是因为在实际情况下，普通的电压传感器的采样频率很低，最终在传感器上显示的结果是等效的电压图。

图 3.20 所示是电主轴驱动系统变频器发生逆变电路断路的情况。当发生一桥臂断路故障时，那一桥臂的 PWM 波信号不会传达到 IGBT 上。图 3.21 是等效电压图，由图 3.21 可以明显地看出，当逆变电路发生断路故障时，一相电路无法正常工作，剩余两相电路以相差 180° 的空间角进行工作。

图 3.22 所示是当变频器的整流电路发生短路故障时的模型。图 3.23 是等效电压的结果，从图中可以看出，当电主轴驱动系统的变频器整流电路一桥臂发生短路故障时，电压会发生畸变，且整体的波形呈现波动的状态。可能的原因是当电主轴驱动系统驱动模块的交流-直流-交流变频器在整流电路的上桥臂发生短路故障时，没有将正弦波进行斩波，没有将波峰降下来，在电流流经短路部分电路时仍然保留了正弦波的波形，所以使得最终的波形呈现波动的状态。

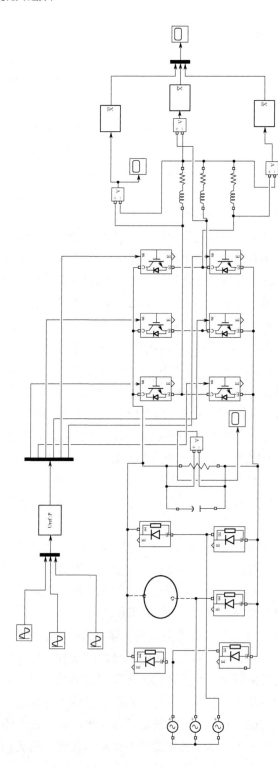

图 3.17　变频器整流电路断路故障模型

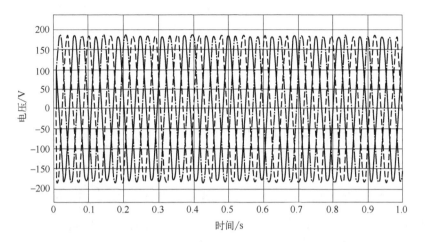

图 3.18　整流电路断路等效电压图

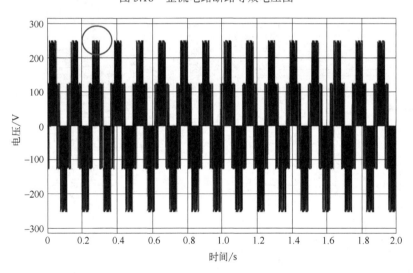

图 3.19　整流电路断路实际电压图

图 3.24 所示是变频器逆变电路一桥臂发生短路故障的模型，当发生短路故障时，同样一桥臂的 PWM 波不会附加上去。图 3.25 是故障的等效电压图，由图可以看出，当电主轴驱动系统变频器逆变电路发生短路故障时，变频器无法正常工作。

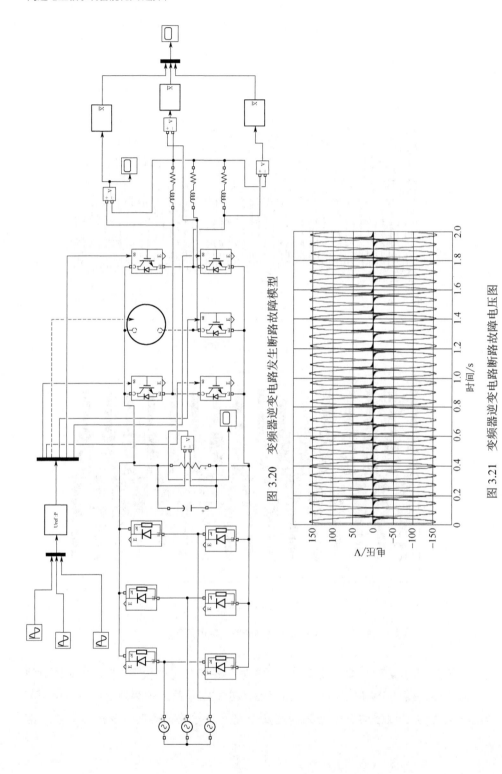

图 3.20　变频器逆变电路发生主断路故障模型

图 3.21　变频器逆变电路断路故障电压图

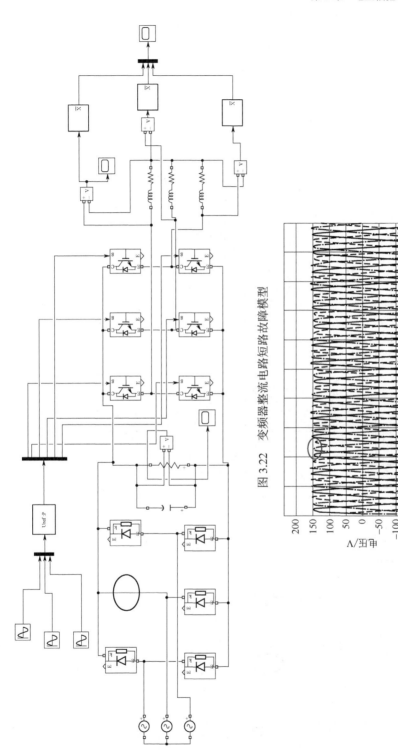

图 3.22 变频器整流电路短路故障模型

图 3.23 整流电路短路等效电压图

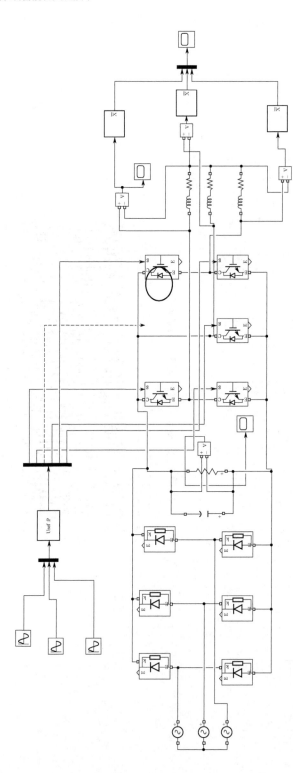

图 3.24　变频器逆变电路短路故障模型

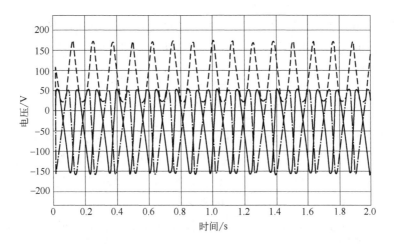

图 3.25　逆变电路短路等效电压图

以上是电主轴驱动系统变频器主电路发生故障时的 Simscape 与 Simulink 联合仿真模型。由联合仿真模型可以看出，当电主轴驱动系统变频器主电路的整流电路发生断路和短路故障时，都只会对变频器造成轻微的影响，但是可以通过观察系统的电压输出来提早发现。当电主轴驱动系统变频器主电路的逆变电路发生断路故障时，变频器会以两相电的方式进行工作。此时的电压波动现象比较明显，容易判断出故障原因。当变频器逆变电路发生短路故障时，变频器无法正常工作。通过使用仿真技术，能够在不破坏真实驱动器的情况下，找到变频器发生故障的特性。

3.2　定子绕组匝间短路故障

在电主轴驱动系统中，执行器是重要的部件，其结构上与交流异步电动机一样。在实际运行中，执行器的定子绕组很容易出现故障。在定子绕组的故障中，定子绕组匝间短路故障是典型的故障，发生率约占定子绕组故障的 37%。但是当定子绕组出现轻微的匝间短路故障时，电主轴依然能够工作，经常被忽略。所以建立电主轴驱动系统的定子绕组匝间短路故障的数字化模型，并通过模型找到能够及时发现定子绕组匝间短路故障的方法是本章工作的重点。

在很多情况下都能够造成电主轴驱动系统定子绕组匝间短路故障。比如：相邻两匝绕线的绝缘层老化破损，使得两匝之间的绕组相连造成短路故障；电主轴在启动和制动的过程中，定子绕组的绝缘层承受短暂的过载电压和过载的电流，过载的电压和电流产生较大的温升，导致绝缘层老化和破损导致匝间短路；电主轴的工作环境恶劣与长时间的工作造成绝缘层受到污染、受潮，导致绝缘层退化，从而引起匝间短路。电主轴定子绕组匝间短路的成因可以归结为绝缘层破损导致的两匝或多匝绕组暴露并相连。

3.2.1 定子绕组匝间短路故障的机理分析

电主轴驱动系统的定子绕组匝间发生短路故障时，由于电主轴驱动系统的执行器主要是电气系统，因此，驱动系统的电流、电压和电主轴转速、转矩等电气特性与控制性能是观测电主轴驱动系统故障的重要方面。

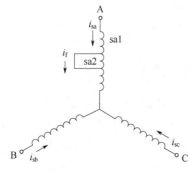

执行器发生定子绕组匝间短路故障时在结构上的表现是绕组的两匝之间的绝缘层破损，绕组在破损处相连，短路掉连线之间的绕组。将所有缠绕的绕组等效成各相中的一匝，可得如图 3.26 所示的定子绕组匝间短路故障示意图。

图 3.26　定子绕组匝间短路故障示意图

假定 A 相绕组发生匝间短路故障，设 l_{sa1} 为未被短路部分绕组长度，设 l_{sa2} 为被短路部分绕组长度，并设短路故障系数 $\mu = l_{sa2} / (l_{sa1} + l_{sa2})$，那么执行器定子绕组匝间短路故障状态下的数学模型如下。

（1）电压方程

其电压方程写成矩阵形式如下[70]

$$
\begin{bmatrix}
u_{sa1} \\
u_{sa2} \\
u_{sb} \\
u_{sc} \\
u_{ra} \\
u_{rb} \\
u_{rc}
\end{bmatrix}
=
\begin{bmatrix}
(1-\mu)R_s \\
& \mu R_s \\
& & R_s \\
& & & R_s \\
& & & & R_r \\
& & & & & R_r \\
& & & & & & R_r
\end{bmatrix}
\begin{bmatrix}
i_{sa} \\
i_{sa} - i_f \\
i_{sb} \\
i_{sc} \\
i_{ra} \\
i_{rb} \\
i_{rc}
\end{bmatrix}
+ p
\begin{bmatrix}
\varphi_{sa1} \\
\varphi_{sa2} \\
\varphi_{sb} \\
\varphi_{sc} \\
\varphi_{ra} \\
\varphi_{rb} \\
\varphi_{rc}
\end{bmatrix}
\tag{3.15}
$$

式中　u_{sa1}、u_{sa2}、u_{sb}、u_{sc} ——A 相正常绕组部分、A 相故障绕组部分、B 相、

C 相定子电压的瞬时值；

u_{ra}、u_{rb}、u_{rc} ——A、B、C 相转子电压瞬时值；

i_{sa}、i_{sb}、i_{sc} ——A、B、C 相定子电流；

i_{ra}、i_{rb}、i_{rc}——a、b、c 相转子电流；

φ_{sa1}、φ_{sa2}、φ_{sb}、φ_{sc}——A 相正常绕组部分、A 相故障绕组部分、B 相、

C 相定子磁通；

φ_{ra}、φ_{rb}、φ_{rc}——a 相、b 相、c 相转子磁通；

R_{s}——定子每相绕组电阻；

R_{r}——转子每相绕组电阻。

上述电压方程可简写为

$$\begin{cases} \boldsymbol{u}_{\mathrm{s}} = \boldsymbol{R}_{\mathrm{s}}\boldsymbol{i}_{\mathrm{s}} + p\boldsymbol{\psi}_{\mathrm{s}} \\ \boldsymbol{u}_{\mathrm{r}} = \boldsymbol{R}_{\mathrm{r}}\boldsymbol{i}_{\mathrm{r}} + p\boldsymbol{\psi}_{\mathrm{r}} \end{cases} \tag{3.16}$$

式中　定子电压 $\boldsymbol{u}_{\mathrm{s}} = \begin{bmatrix} u_{\mathrm{sa1}} & u_{\mathrm{sa2}} & u_{\mathrm{sb}} & u_{\mathrm{sc}} \end{bmatrix}^{\mathrm{T}}$，转子电压 $\boldsymbol{u}_{\mathrm{r}} = \begin{bmatrix} u_{\mathrm{ra}} & u_{\mathrm{rb}} & u_{\mathrm{rc}} \end{bmatrix}^{\mathrm{T}}$；

定子电流 $\boldsymbol{i}_{\mathrm{s}} = \begin{bmatrix} i_{\mathrm{sa}} & (i_{\mathrm{sa}}-i_{\mathrm{f}}) & i_{\mathrm{sb}} & i_{\mathrm{sc}} \end{bmatrix}^{\mathrm{T}}$，转子电流 $\boldsymbol{i}_{\mathrm{r}} = \begin{bmatrix} i_{\mathrm{ra}} & i_{\mathrm{rb}} & i_{\mathrm{rc}} \end{bmatrix}^{\mathrm{T}}$；

定子电阻 $\boldsymbol{R}_{\mathrm{s}} = R_{\mathrm{s}}\mathrm{diag}\begin{bmatrix} 1-\mu & \mu & 1 & 1 \end{bmatrix}$，转子电阻 $\boldsymbol{R}_{\mathrm{r}} = \mathrm{diag}\begin{bmatrix} R_{\mathrm{r}} & R_{\mathrm{r}} & R_{\mathrm{r}} \end{bmatrix}$；

$\boldsymbol{\varphi}_{\mathrm{s}} = \begin{bmatrix} \varphi_{\mathrm{sa1}} & \varphi_{\mathrm{sa2}} & \varphi_{\mathrm{sb}} & \varphi_{\mathrm{sc}} \end{bmatrix}^{\mathrm{T}}$，$\boldsymbol{\varphi}_{\mathrm{r}} = \begin{bmatrix} \varphi_{\mathrm{ra}} & \varphi_{\mathrm{rb}} & \varphi_{\mathrm{rc}} \end{bmatrix}^{\mathrm{T}}$。

定子绕组匝间短路故障在物理形式上是定子绕组有一段的电感与电阻被短路掉，本节研究的情况是在极其微小的一段被短路掉的情况，且只是用数字化模型找到微小故障的特征信号，所以对 i_{f} 的值进行简化设置，设 $i_{\mathrm{f}} = \mu i_{\mathrm{sa}}$。

（2）磁链方程

异步电机各绕组的磁链可表示为自感磁链和互感磁链之和，具体如下

$$\begin{bmatrix} \varphi_{\mathrm{sa1}} \\ \varphi_{\mathrm{sa2}} \\ \varphi_{\mathrm{sb}} \\ \varphi_{\mathrm{sc}} \\ \varphi_{\mathrm{ra}} \\ \varphi_{\mathrm{rb}} \\ \varphi_{\mathrm{rc}} \end{bmatrix} = \begin{bmatrix} L_{\mathrm{A1A1}} & L_{\mathrm{A1A2}} & L_{\mathrm{A1B}} & L_{\mathrm{A1C}} & L_{\mathrm{A1a}} & L_{\mathrm{A1b}} & L_{\mathrm{A1c}} \\ L_{\mathrm{A2A1}} & L_{\mathrm{A2A2}} & L_{\mathrm{A2B}} & L_{\mathrm{A2C}} & L_{\mathrm{A2a}} & L_{\mathrm{A2b}} & L_{\mathrm{A2c}} \\ L_{\mathrm{BA1}} & L_{\mathrm{BA2}} & L_{\mathrm{BB}} & L_{\mathrm{BC}} & L_{\mathrm{Ba}} & L_{\mathrm{Bb}} & L_{\mathrm{Bc}} \\ L_{\mathrm{CA1}} & L_{\mathrm{CA2}} & L_{\mathrm{CB}} & L_{\mathrm{CC}} & L_{\mathrm{Ca}} & L_{\mathrm{Cb}} & L_{\mathrm{Cc}} \\ L_{\mathrm{aA1}} & L_{\mathrm{aA2}} & L_{\mathrm{aB}} & L_{\mathrm{aC}} & L_{\mathrm{aa}} & L_{\mathrm{ab}} & L_{\mathrm{ac}} \\ L_{\mathrm{bA1}} & L_{\mathrm{bA2}} & L_{\mathrm{bB}} & L_{\mathrm{bC}} & L_{\mathrm{ba}} & L_{\mathrm{bb}} & L_{\mathrm{bc}} \\ L_{\mathrm{cA1}} & L_{\mathrm{cA2}} & L_{\mathrm{cB}} & L_{\mathrm{cC}} & L_{\mathrm{ca}} & L_{\mathrm{cb}} & L_{\mathrm{cc}} \end{bmatrix} \begin{bmatrix} i_{\mathrm{sa}} \\ i_{\mathrm{sa}}-i_{\mathrm{f}} \\ i_{\mathrm{sb}} \\ i_{\mathrm{sc}} \\ i_{\mathrm{ra}} \\ i_{\mathrm{rb}} \\ i_{\mathrm{rc}} \end{bmatrix} \tag{3.17}$$

公式中的电感是 7×7 矩阵，该矩阵由两部分组成：各绕组自感 L_{A1A1}、L_{A2A2}、L_{BB}、L_{CC}、L_{aa}、L_{bb}、L_{cc} 和绕组间互感。

如 2.2.1 节所述，定子互感与转子互感相等，即 $L_{\mathrm{ms}} = L_{\mathrm{mr}} = L_{\mathrm{m}}'$。定子与转子各相绕组自感分别为

$$L_{\mathrm{A1A1}} = (1-\mu)^2 L_{\mathrm{m}}' + (1-\mu)L_{\mathrm{ls}} \tag{3.18}$$

$$L_{\mathrm{A2A2}} = \mu^2 L_{\mathrm{m}}' + \mu L_{\mathrm{ls}} \tag{3.19}$$

$$L_{BB} = L_{CC} = L'_m + L_{ls} \tag{3.20}$$

$$L_{aa} = L_{bb} = L_{cc} = L'_m + L_{lr} \tag{3.21}$$

定子 A、B、C 三相绕组轴线在矢量空间中相位等角度呈现 Y 形分布，定子各相绕组互感分别为

$$L_{A1B} = L_{A1C} = L_{BA1} = L_{CA1} = (1-\mu)L_{ss} \tag{3.22}$$

$$L_{A2B} = L_{A2C} = L_{BA2} = L_{CA2} = \mu L_{ss} \tag{3.23}$$

$$L_{BC} = L_{CB} = L_{ss} \tag{3.24}$$

$$L_{ss} \approx L'_m \cos 120° = -\frac{1}{2}L'_m \tag{3.25}$$

同理，转子各相绕组互感分别为

$$L_{ab} = L_{bc} = L_{ca} = L_{ba} = L_{cb} = L_{ac} = L_{rr} \tag{3.26}$$

$$L_{rr} \approx L'_m \cos 120° = -\frac{1}{2}L'_m = K_r L'_m \tag{3.27}$$

式中，K_r 为互感系数。

由于定、转子间互感对应于穿过气隙的公共主磁通，因此当转子绕组旋转时，异步电机对应相（A 与 a，B 与 b、C 与 c）之间存在相位移角 θ_r。定转子各相绕组互感为

$$L_{A1a} = L_{aA1} = (1-\mu)L_{sr}\cos\theta_r = (1-\mu)L'_m\cos\theta_r \tag{3.28}$$

$$L_{A1b} = L_{bA1} = (1-\mu)L_{sr}\cos(\theta_r+120°) = (1-\mu)L'_m\cos(\theta_r+120°) \tag{3.29}$$

$$L_{A1c} = L_{cA1} = (1-\mu)L_{sr}\cos(\theta_r-120°) = (1-\mu)L'_m\cos(\theta_r-120°) \tag{3.30}$$

$$L_{A2a} = L_{aA2} = \mu L_{sr}\cos\theta_r = \mu L'_m\cos\theta_r \tag{3.31}$$

$$L_{A2b} = L_{bA2} = \mu L_{sr}\cos(\theta_r+120°) = \mu L'_m\cos(\theta_r+120°) \tag{3.32}$$

$$L_{A2c} = L_{cA2} = \mu L_{sr}\cos(\theta_r-120°) = \mu L'_m\cos(\theta_r-120°) \tag{3.33}$$

$$L_{Bb} = L_{bB} = L_{Cc} = L_{cC} = L_{sr}\cos\theta_r = L'_m\cos\theta_r \tag{3.34}$$

$$L_{Bc} = L_{cB} = L_{Ca} = L_{aC} = L_{sr}\cos(\theta_r+120°) = L'_m\cos(\theta_r+120°) \tag{3.35}$$

$$L_{Cb} = L_{bC} = L_{Ba} = L_{aB} = L_{sr}\cos(\theta_r-120°) = L'_m\cos(\theta_r-120°) \tag{3.36}$$

式中，$L_{sr} = L'_m$，定、转子绕组的转轴重合时，定子与转子间的互感取最大值。

将式（3.18）～式（3.36）代入式（3.17）即可得到完整的磁链方程。上述磁链方程可简写为

$$\begin{cases} \boldsymbol{\varphi}_s = \boldsymbol{L}_{ss}\boldsymbol{i}_s + \boldsymbol{L}_{sr}\boldsymbol{i}_r \\ \boldsymbol{\varphi}_r = \boldsymbol{L}_{rs}\boldsymbol{i}_s + \boldsymbol{L}_{rr}\boldsymbol{i}_r \end{cases} \tag{3.37}$$

式中　L_{ss}——定子自感矩阵；

$\quad\quad\quad L_{sr}$——定、转子互感矩阵；

$\quad\quad\quad L_{rs}$——转、定子互感矩阵；

$\quad\quad\quad L_{rr}$——转子自感矩阵。

详细自感和互感矩阵如下所示

$$\begin{cases} L_{ss} = L_{ls}\begin{bmatrix} 1-\mu & & & \\ & \mu & & \\ & & 1 & \\ & & & 1 \end{bmatrix} + L_m'\begin{bmatrix} (1-\mu)^2 & \mu(1-\mu) & -(1-\mu)/2 & -(1-\mu)/2 \\ \mu(1-\mu) & \mu^2 & -\mu/2 & -\mu/2 \\ -(1-\mu)/2 & -\mu/2 & 1 & -1/2 \\ -(1-\mu)/2 & -\mu/2 & -1/2 & 1 \end{bmatrix} \\[4mm] L_{rr} = \begin{bmatrix} L_m' + L_{lr} & -L_m'/2 & -L_m'/2 \\ -L_m'/2 & L_m' + L_{lr} & -L_m'/2 \\ -L_m'/2 & -L_m'/2 & L_m' + L_{lr} \end{bmatrix} \\[4mm] L_{sr} = L_{rs}^T = L_m'\begin{bmatrix} (1-\mu)\cos\theta_r & (1-\mu)\cos(\theta_r + 120°) & (1-\mu)\cos(\theta_r - 120°) \\ \mu\cos\theta_r & \mu\cos(\theta_r + 120°) & \mu\cos(\theta_r - 120°) \\ \cos(\theta_r - 120°) & \cos\theta_r & \cos(\theta_r + 120°) \\ \cos(\theta_r + 120°) & \cos(\theta_r - 120°) & \cos\theta_r \end{bmatrix} \end{cases}$$

$$\text{（3.38）}$$

将式（3.16）、式（3.37）及式（3.38）的前两项相加，则该故障电机的电压方程可表示为

$$\begin{bmatrix} u_{sa} \\ u_{sb} \\ u_{sc} \\ u_{ra} \\ u_{rb} \\ u_{rc} \end{bmatrix} = \begin{bmatrix} R_s & & & & & \\ & R_s & & & & \\ & & R_s & & & \\ & & & R_r & & \\ & & & & R_r & \\ & & & & & R_r \end{bmatrix}\begin{bmatrix} i_{sa} \\ i_{sb} \\ i_{sc} \\ i_{ra} \\ i_{rb} \\ i_{rc} \end{bmatrix} + p\begin{bmatrix} \varphi_{sa} \\ \varphi_{sb} \\ \varphi_{sc} \\ \varphi_{ra} \\ \varphi_{rb} \\ \varphi_{rc} \end{bmatrix} - \begin{bmatrix} \mu R_s i_f \\ 0 \\ 0 \\ 0 \\ 0 \\ 0 \end{bmatrix} \quad\text{（3.39）}$$

磁链方程

$$\begin{bmatrix} \boldsymbol{\varphi}_s \\ \boldsymbol{\varphi}_r \end{bmatrix} = \begin{bmatrix} L_{ss} & L_{sr} \\ L_{rs} & L_{rr} \end{bmatrix}\begin{bmatrix} i_s \\ i_r \end{bmatrix} + \mu\begin{bmatrix} A_1 \\ A_2 \end{bmatrix}i_f \quad\text{（3.40）}$$

式中　$\boldsymbol{\varphi}_s = \begin{bmatrix} \varphi_{sa} & \varphi_{sb} & \varphi_{sc} \end{bmatrix}^T$，$\boldsymbol{\varphi}_r = \begin{bmatrix} \varphi_{ra} & \varphi_{rb} & \varphi_{rc} \end{bmatrix}^T$；

$\quad\quad\quad \boldsymbol{i}_s = \begin{bmatrix} i_{sa} & i_{sb} & i_{sc} \end{bmatrix}^T$，$\boldsymbol{i}_r = \begin{bmatrix} i_{ra} & i_{rb} & i_{rc} \end{bmatrix}^T$；

$\quad\quad\quad A_1 = \begin{bmatrix} -(L_m' + L_{ls}) & L_m'/2 & L_m'/2 \end{bmatrix}^T$；

$\quad\quad\quad A_2 = \begin{bmatrix} -\cos\theta_r & \cos(\theta_r + 120°) & \cos(\theta_r - 120°) \end{bmatrix}^T$；

$$\boldsymbol{L}_{\text{ss}} = \begin{bmatrix} L'_{\text{m}} + L_{\text{ls}} & -L'_{\text{m}}/2 & -L'_{\text{m}}/2 \\ -L'_{\text{m}}/2 & L'_{\text{m}} + L_{\text{ls}} & -L'_{\text{m}}/2 \\ -L'_{\text{m}}/2 & -L'_{\text{m}}/2 & L'_{\text{m}} + L_{\text{ls}} \end{bmatrix};$$

$$\boldsymbol{L}_{\text{rr}} = \begin{bmatrix} L'_{\text{m}} + L_{\text{lr}} & -L'_{\text{m}}/2 & -L'_{\text{m}}/2 \\ -L'_{\text{m}}/2 & L'_{\text{m}} + L_{\text{lr}} & -L'_{\text{m}}/2 \\ -L'_{\text{m}}/2 & -L'_{\text{m}}/2 & L'_{\text{m}} + L_{\text{lr}} \end{bmatrix};$$

$$\boldsymbol{L}_{\text{sr}} = \boldsymbol{L}_{\text{rs}}^{\text{T}} = L'_{\text{m}} \begin{bmatrix} \cos\theta_{\text{r}} & \cos(\theta_{\text{r}}+120°) & \cos(\theta_{\text{r}}-120°) \\ \cos(\theta_{\text{r}}-120°) & \cos\theta_{\text{r}} & \cos(\theta_{\text{r}}+120°) \\ \cos(\theta_{\text{r}}+120°) & \cos(\theta_{\text{r}}-120°) & \cos\theta_{\text{r}} \end{bmatrix}.$$

执行器的定子绕组匝间短路故障影响的是定、转子的电气特性，所以对机械方程没有影响。

通过 3s/2s 变换可以得到故障状态下异步电机在两相静止坐标系α-β 中的数学模型，详细的计算过程可参考文献[73]。

（1）电压方程

$$\begin{cases} u_{\text{s}\alpha} = R_{\text{s}}i_{\text{s}\alpha} + p\varphi_{\text{s}\alpha} - \dfrac{2}{3}\mu R_{\text{s}}i_{\text{f}} \\ u_{\text{s}\beta} = R_{\text{s}}i_{\text{s}\beta} + p\varphi_{\text{s}\beta} \\ u_{\text{r}\alpha} = R_{\text{r}}i_{\text{r}\alpha} + p\varphi_{\text{r}\alpha} + \omega_{\text{r}}\varphi_{\text{r}\beta} - \dfrac{2}{3}\mu R_{\text{r}}i_{\text{f}} \\ u_{\text{r}\beta} = R_{\text{r}}i_{\text{r}\beta} + p\varphi_{\text{r}\beta} + \omega_{\text{r}}\varphi_{\text{r}\alpha} \end{cases} \tag{3.41}$$

（2）磁链方程

$$\begin{bmatrix} \varphi_{\text{s}\alpha} \\ \varphi_{\text{s}\beta} \\ \varphi_{\text{r}\alpha} \\ \varphi_{\text{r}\beta} \end{bmatrix} = \begin{bmatrix} L_{\text{s}} & & L_{\text{m}} & \\ & L_{\text{s}} & & L_{\text{m}} \\ L_{\text{m}} & & L_{\text{r}} & \\ & L_{\text{m}} & & L_{\text{r}} \end{bmatrix} \begin{bmatrix} i_{\text{s}\alpha} \\ i_{\text{s}\beta} \\ i_{\text{r}\alpha} \\ i_{\text{r}\beta} \end{bmatrix} - \dfrac{2}{3}\mu \begin{bmatrix} L_{\text{s}} \\ 0 \\ L_{\text{m}} \\ 0 \end{bmatrix} i_{\text{f}} \tag{3.42}$$

对于短路绕组，其电压与磁链方程可表示为

$$u_{\text{s}\alpha2} = R_{\text{f}}i_{\text{f}} = \mu R_{\text{s}}\left(i_{\text{s}\alpha} - i_{\text{f}}\right) + p\varphi_{\text{f}} \tag{3.43}$$

$$\varphi_{\text{f}} = \mu L_{\text{ls}}\left(i_{\text{s}\alpha} - i_{\text{f}}\right) + \mu L_{\text{m}}\left(i_{\text{s}\alpha} + i_{\text{r}\alpha} - \dfrac{2}{3}\mu i_{\text{f}}\right) \tag{3.44}$$

式中，R_{f} 为定子绕组匝间短路部分的电阻；φ_{f} 为转子磁通。

再经过2s/2r可以得到故障状态下的执行器在同步旋转坐标系d-q下的数学模型。计算中值得注意的是要将等式左右两端都进行变化，且注意微分对磁链表达式的影响。

（1）电压方程

$$\begin{cases} u_{qs} = R_s i_{qs} + \dfrac{\mathrm{d}}{\mathrm{d}t}\varphi_{qs} + \omega\varphi_{ds} - \dfrac{2}{3}\mu R_s i_f \\[2mm] u_{ds} = R_s i_{ds} + \dfrac{\mathrm{d}}{\mathrm{d}t}\varphi_{ds} - \omega\varphi_{ds} \\[2mm] u_{qr} = R_{qr} i_{qr} + \dfrac{\mathrm{d}}{\mathrm{d}t}\varphi_{qr} + \left(\omega - \omega_r\right)\varphi_{qr} - \dfrac{2}{3}\mu R_r i_f \\[2mm] u_{dr} = R_{dr} i_{dr} + \dfrac{\mathrm{d}}{\mathrm{d}t}\varphi_{dr} - \left(\omega - \omega_r\right)\varphi_{qr} \end{cases} \tag{3.45}$$

式中，ω 为同步频率。

（2）磁链方程

$$\begin{cases} \varphi_{qs} = L_s i_{qs} + L_m i_{qr} - \dfrac{2}{3}\mu L_s i_f \\[2mm] \varphi_{ds} = L_s i_{ds} + L_m i_{qr} \\[2mm] \varphi_{qr} = L_r i_{qr} + L_m i_{qs} - \dfrac{2}{3}\mu L_m i_f \\[2mm] \varphi_{dr} = L_r i_{dr} + L_m i_{ds} \end{cases} \tag{3.46}$$

3.2.2　矢量控制原理及其数学模型

由电主轴驱动系统执行器的三相自然坐标系下的数学模型可知，执行器是多变量、强耦合的系统，在三相自然坐标系下很难进行求解。虽然使用数值分析的方法仍能够进行计算，但是对计算机资源的消耗较大，且不利于对控制算法的设计。所以想要求解执行器系统，则需要对其进行解耦。解耦的方法是对其进行坐标变换，坐标变换是在数学的层面上进行变换，便于分析执行器系统时使用。

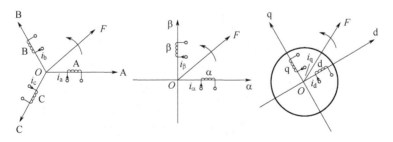

图 3.27　三种坐标下的物理模型

坐标变换的目的是求得图 3.27 中电流、电压和磁链在不同坐标之间的等效转

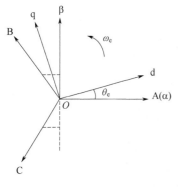

换关系。进行坐标系的变换需要使用 Clark 变换和 Park 变换。将自然坐标系 A-B-C 变换到静止坐标系 α-β 的坐标变换被称为 Clark 变换，其转换后的结果为更改了频率的两相正弦波。将静止坐标系α-β 变换到同步旋转坐标系 d-q 的坐标变换称为 Park 变换，其转换后的结果为两个常量，至此，就实现了对执行器的数学模型的解耦。在控制中对于常量或不频繁变更的量的控制方法有很多，而且实现方法也是最简单的，这也是矢量控制方法的主要思想。三个坐标系之间的关系如图 3.28 所示。

图 3.28　各坐标系之间的关系

根据图 3.28 所示各坐标系之间的关系，其中由三相自然坐标系转换到两相静止坐标系是通过将三相自然坐标系 A-B-C 向两相静止坐标轴α-β 上投影，可以得出如式（3.47）所示的由自然坐标系转换到静止坐标系的坐标变换公式：

$$[f_\alpha \quad f_\beta \quad f_0]^{\mathrm{T}} = \boldsymbol{T}_{3s/2s}[f_{\mathrm{A}} \quad f_{\mathrm{B}} \quad f_{\mathrm{C}}]^{\mathrm{T}} \tag{3.47}$$

式中，f 为电机的电压、电流或磁链等变量；$\boldsymbol{T}_{3s/2s}$ 为坐标变换矩阵，可表示为

$$\boldsymbol{T}_{3s/2s} = \frac{2}{3}\begin{bmatrix} 1 & -\dfrac{1}{2} & -\dfrac{1}{2} \\ 0 & \dfrac{\sqrt{3}}{2} & -\dfrac{\sqrt{3}}{2} \\ \dfrac{\sqrt{2}}{2} & \dfrac{\sqrt{2}}{2} & \dfrac{\sqrt{2}}{2} \end{bmatrix} \tag{3.48}$$

将静止坐标系α-β 变换到自然坐标系 A-B-C 的坐标变换称为反 Clark 变换，可以表示为

$$\left[f_{\mathrm{A}} \quad f_{\mathrm{B}} \quad f_{\mathrm{C}}\right]^{\mathrm{T}} = \boldsymbol{T}_{2s/3s}\left[f_\alpha \quad f_\beta \quad f_0\right]^{\mathrm{T}} \tag{3.49}$$

式中，$\boldsymbol{T}_{3s/2s}$ 为坐标变换矩阵，可表示为

$$\boldsymbol{T}_{2s/3s} = \boldsymbol{T}_{3s/2s}^{-1} = \begin{bmatrix} 1 & 0 & \dfrac{\sqrt{2}}{2} \\ -\dfrac{1}{2} & \dfrac{\sqrt{3}}{2} & \dfrac{\sqrt{2}}{2} \\ -\dfrac{1}{2} & -\dfrac{\sqrt{3}}{2} & \dfrac{\sqrt{2}}{2} \end{bmatrix} \tag{3.50}$$

从静止坐标系α-β 变换到同步旋转坐标系 d-q 的坐标变换称为 Park 变换，根据图 3.28 所示各坐标系之间的关系，可以得出如式（3.51）所示的坐标变换公式：

$$\begin{bmatrix} f_d & f_q \end{bmatrix}^T = \boldsymbol{T}_{2s/2r} \begin{bmatrix} f_\alpha & f_\beta \end{bmatrix}^T \tag{3.51}$$

式中，$\boldsymbol{T}_{2s/2r}$ 为坐标变换矩阵，可表示为

$$\boldsymbol{T}_{2s/2r} = \begin{bmatrix} \cos\theta_e & \sin\theta_e \\ -\sin\theta_e & \cos\theta_e \end{bmatrix} \tag{3.52}$$

式中，θ_e 为机械转角，为同步频率与时间的乘积，即 $\theta_e = \omega t$。

将同步旋转坐标系 d-q 变换到静止坐标系α-β 的坐标变换称为反 Park 变换，可表示为

$$\begin{bmatrix} f_\alpha & f_\beta \end{bmatrix}^T = \boldsymbol{T}_{2r/2s} \begin{bmatrix} f_d & f_q \end{bmatrix}^T \tag{3.53}$$

式中，$\boldsymbol{T}_{2r/2s}$ 为坐标变换矩阵，可表示为

$$\boldsymbol{T}_{2r/2s} = \boldsymbol{T}_{2s/2r}^{-1} = \begin{bmatrix} \cos\theta_e & -\sin\theta_e \\ \sin\theta_e & \cos\theta_e \end{bmatrix} \tag{3.54}$$

将自然坐标系 A-B-C 变换到同步旋转坐标系 d-q 的矩阵为将两个转换公式连续相乘得到的矩阵，即

$$\boldsymbol{T}_{3s/2r} = \boldsymbol{T}_{3s/2s} \times \boldsymbol{T}_{2s/2r} = \frac{2}{3} \begin{bmatrix} \cos\theta_e & \cos(\theta_e - 2\pi/3) & \cos(\theta_e + 2\pi/3) \\ -\sin\theta_e & -\sin(\theta_e - 2\pi/3) & -\sin(\theta_e + 2\pi/3) \\ \dfrac{1}{2} & \dfrac{1}{2} & \dfrac{1}{2} \end{bmatrix} \tag{3.55}$$

转换公式为

$$\begin{bmatrix} f_d & f_q & f_0 \end{bmatrix}^T = \boldsymbol{T}_{3s/2r} \begin{bmatrix} f_A & f_B & f_C \end{bmatrix}^T \tag{3.56}$$

将同步旋转坐标系 d-q 变换到自然坐标系 A-B-C，各变量具有如下关系：

$$\begin{bmatrix} f_A & f_B & f_C \end{bmatrix}^T = \boldsymbol{T}_{2r/3s} \begin{bmatrix} f_d & f_q & f_0 \end{bmatrix}^T \tag{3.57}$$

式中，$\boldsymbol{T}_{2r/3s}$ 为坐标变换矩阵，可表示为

$$\boldsymbol{T}_{2r/3s} = \boldsymbol{T}_{3s/2r}^{-1} = \begin{bmatrix} \cos\theta_e & -\sin\theta_e & \dfrac{1}{2} \\ \cos\left(\theta_e - \dfrac{2\pi}{3}\right) & -\sin\left(\theta_e - \dfrac{2\pi}{3}\right) & \dfrac{1}{2} \\ \cos\left(\theta_e + \dfrac{2\pi}{3}\right) & -\sin\left(\theta_e + \dfrac{2\pi}{3}\right) & \dfrac{1}{2} \end{bmatrix} \tag{3.58}$$

对电主轴驱动系统的执行器进行坐标变换的目的是对执行器进行解耦，在旋转绕组上观察磁场，这样看到的磁场是一个固定磁场，相当于直流执行器的模型。坐标变换的目的如图3.29所示，其中 d 轴分量是励磁分量，与执行器磁场相关，q 轴分量是转矩分量，与执行器的电磁转矩相关，可以通过此项控制执行器的转速和转矩。

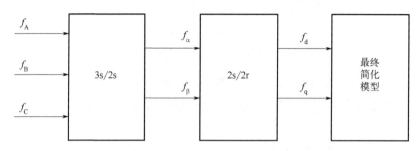

图 3.29　三相交流异步执行器模型转换直流执行器模型原理图

经过 3s/2s 变换将 2.1 节中三相执行器数学方程组转化至两相静止坐标系 α-β 下，得到两相静止坐标系下的电压方程为

$$\begin{cases} u_{s\alpha} = R_s i_{s\alpha} + p\varphi_{s\alpha} \\ u_{s\beta} = R_s i_{s\beta} + p\varphi_{s\beta} \\ u_{r\alpha} = R_r i_{r\alpha} + p\varphi_{r\alpha} + \omega_r \varphi_{r\beta} \\ u_{r\beta} = R_r i_{r\beta} + p\varphi_{r\beta} - \omega_r \varphi_{r\alpha} \end{cases} \quad (3.59)$$

磁链方程转化为

$$\begin{cases} \varphi_{s\alpha} = L_s i_{s\alpha} + L_m i_{r\alpha} \\ \varphi_{s\beta} = L_s i_{s\beta} + L_m i_{r\beta} \\ \varphi_{r\alpha} = L_r i_{r\alpha} + L_m i_{s\alpha} \\ \varphi_{r\beta} = L_r i_{r\beta} + L_m i_{s\beta} \end{cases} \quad (3.60)$$

式中　L_m——两相静止坐标系下定转子间互感，$L_m = 1.5L_m'$；

L_s——两相静止坐标系下定子自感，$L_s = 1.5L_m' + L_{ls} = L_m + L_{ls}$；

L_r——两相静止坐标系下定子自感，$L_r = 1.5L_m' + L_{lr} = L_m + L_{lr}$。

电磁转矩方程转化为

$$T_e = \frac{3}{2} n_p L_m \left(i_{s\beta} i_{r\alpha} - i_{s\alpha} i_{r\beta} \right) \quad (3.61)$$

运动方程与坐标变换无关，仍为

$$T_e = T_L + \frac{J}{n_p} \times \frac{d\omega}{dt} \quad (3.62)$$

接着通过 2s/2r 变换转换为同步旋转坐标系下。在转换过程中，电压 u、电流 i 和磁链 φ 都进行 2s/2r 变换，且注意对磁链 φ 的求导。经过计算可得同步旋转坐标系下公式如下：

$$\begin{cases} u_{ds} = R_s i_{ds} + \dfrac{\mathrm{d}}{\mathrm{d}t}\varphi_{ds} - \omega\varphi_{qs} \\[2mm] u_{qs} = R_s i_{qs} + \dfrac{\mathrm{d}}{\mathrm{d}t}\varphi_{qs} + \omega\varphi_{ds} \\[2mm] u_{dr} = R_{dr} i_{dr} + \dfrac{\mathrm{d}}{\mathrm{d}t}\varphi_{dr} - (\omega - \omega_r)\varphi_{qr} \\[2mm] u_{qr} = R_{qr} i_{qr} + \dfrac{\mathrm{d}}{\mathrm{d}t}\varphi_{qr} + (\omega - \omega_r)\varphi_{dr} \end{cases} \tag{3.63}$$

其中，磁链方程为

$$\begin{cases} \varphi_{ds} = L_s i_{ds} + L_m i_{qr} \\[1mm] \varphi_{qs} = L_s i_{qs} + L_m i_{qr} \\[1mm] \varphi_{dr} = L_r i_{dr} + L_m i_{ds} \\[1mm] \varphi_{qr} = L_r i_{qr} + L_m i_{qs} \end{cases} \tag{3.64}$$

电磁转矩方程为

$$T_e = 1.5 p \left(\varphi_{ds} i_{qs} - \varphi_{qs} i_{ds} \right) \tag{3.65}$$

机械方程为

$$\begin{cases} \dfrac{\mathrm{d}}{\mathrm{d}t}\omega_m = \dfrac{1}{2H}\left(T_e - F\omega_m - T_m \right) \\[3mm] \dfrac{\mathrm{d}}{\mathrm{d}t}\theta_m = \omega_m \end{cases} \tag{3.66}$$

式中，θ_m 为电动机旋转角度；ω_m 为电动机旋转角速度；T_m 为负载转矩；H 为单对磁极转动惯量系数；F 为阻尼系数。

3.2.3　定子绕组匝间短路故障仿真分析

（1）电主轴驱动系统执行器正常与故障模型

本书在前文中推导出了电主轴驱动系统执行器电机的正常状态与定子绕组匝间短路故障状态下的数学模型公式，可以由这些公式建立执行器系统的状态空间框图模型。此处使用 Simulink 工具建立执行器系统的正常与故障状态下的模型，如图 3.30 所示。模型包括电气部分与机械部分，模型的输入为三相电压和负载转矩。使用 Simulink 的 out 模块能够直接对一些量进行数据的读取，本节中主要用到执行器的三相电压、三相电流、磁链、电磁转矩、转速等量。

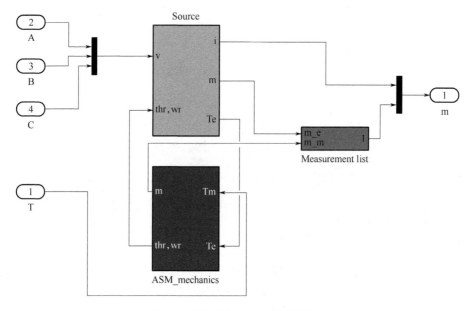

图 3.30 执行器 Simulink 框图模型

执行器模型中的电气部分主要由定子与转子系统构成，如图 3.31 所示。模型建立在 d-q 坐标之上，所以需要使用坐标转换模块对输入的 A-B-C 坐标上的三相电压进行转换。在检测输出与系统内部中也用到了坐标变换，在此不再赘述。

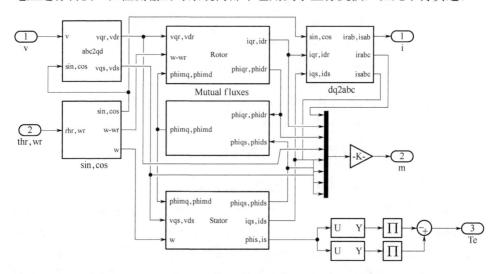

图 3.31 执行器定、转子模型

在定子、转子模型之间还有一个互感的计算模型，互感的原理是当定子绕组中的电流发生变化时，定子绕组邻近的转子绕组产生感应电动势。同理，当转子绕组中的电流发生变化时，也会使定子绕组产生感应电动势。互感模型的作用是对定子、转子模型提供一些随时间变化的参数量。

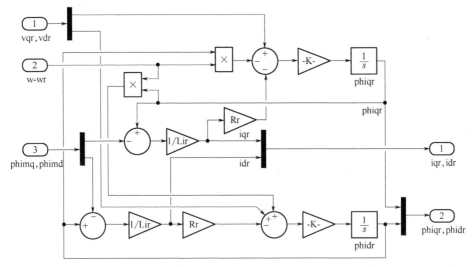

图 3.32　转子框图模型

执行器电气模型中的定子与转子模型分别如图 3.32 和图 3.33 所示。其模型根据式（3.63）建立，是在同步旋转坐标系上的模型。

执行器机械部分模型的作用是计算电磁转矩、转速、转矩等机械量。根据式（3.66）建立的 Simulink 框图模型如图 3.34 所示。

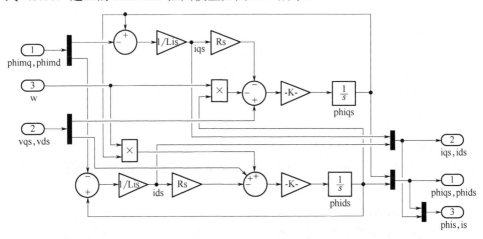

图 3.33　定子框图模型

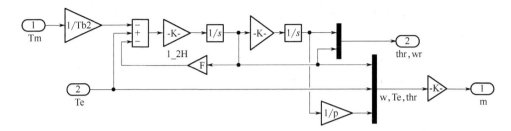

图 3.34　执行器机械部分模型

电主轴驱动系统使用 150MD24Z7.5 型电主轴，其具体参数如表 3.6 所示。

根据 3.2.1 小节的推导，电主轴驱动系统发生定子绕组匝间短路故障时，只影响定子和转子部分的数学模型。根据式（3.45）和式（3.46）建立定子绕组匝间短路故障状态下的执行器定转子的电压方程模型。图 3.35 是故障状态下定子 Simulink 框图模型，图 3.36 是故障状态下转子 Simulink 框图模型。

表 3.6　150MD24Z7.5 电主轴参数表

项目	数值	单位
极对数 n_p	2	—
给定转速 n	200	r/s
互感 L_m	69	mH
磁链上限 φ_r	1.5	Wb
负载 L	5	N·m
转动惯量 J	200	Kg·m^2
转子漏感 L_{lr}	1.93	mH
定子漏感 L_{ls}	1.93	mH
转子电阻 R_r	0.0663	Ω
定子电阻 R_s	0.1065	Ω

以上是电主轴驱动系统执行器部分的正常与匝间短路故障的 Simulink 状态空间框图模型。本小节对定子绕组匝间短路故障的仿真分析是对于整个电主轴驱动系统而言的，所以，建立了电主轴驱动系统的 Simulink 状态空间框图模型，如图 3.37 所示。

在模型的底部为控制系统单元，控制系统单元是由 Simulink 搭建的数学框图模型。根据矢量控制原理，由于坐标转换的结果是将定子电流转换为励磁分量与转矩分量，而励磁分量与磁链圆相关，转矩分量与电磁转矩相关，电磁转矩又与负载转矩与转速相关，因此，在此模型中，将磁链圆的半径与转速作为给定量，对给定量通过与实际测量值做差值比较的方式进行控制。给定磁链圆的半径与测量出的磁链圆半径的差值作为励磁分量的电流输出，给定的转速与测量出的转速的差值作为给定的电磁转矩进行输出，给定的电磁转矩与测量的电磁转矩分量的差值作为转矩分量的电流输出。励磁分量与转矩分量的电流输出经过反 Park 变换，作为给定的三相定子电流输入 PWM 波生成器中生成 PWM 脉冲波驱动逆变器。

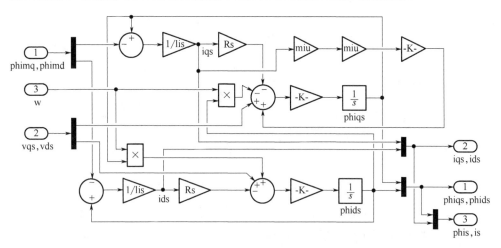

图 3.35　故障状态下定子模型

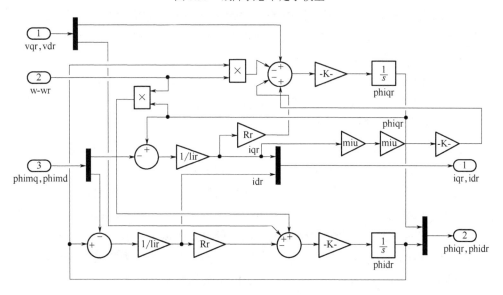

图 3.36　故障状态下转子模型

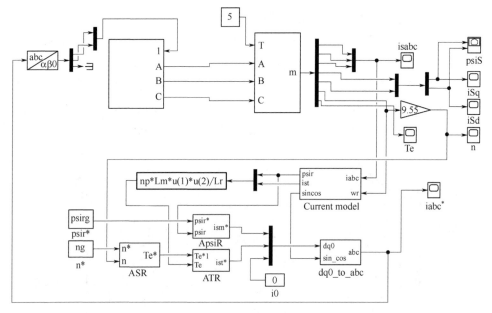

图 3.37　电主轴驱动系统 Simulink 框图模型

模型的左半部分是电主轴驱动系统的驱动器的数学框图模型，其由逆变电路数学模型与 SVPWM 波生成器数学模型组成。由于驱动器主电路整流电路的整流结果是直流电，所以在本小节的模型中，使用给定直流电压值与建立逆变电路模型的方式进行建模。本小节不使用 Simscape 对逆变电路进行建模，而是使用 3.1节中建立的逆变电路和 SVPWM 波生成器的一体化数学模型。

（2）电主轴驱动系统仿真结果

在电主轴驱动系统的闭环控制下，设输入三相交流电压 220V，整流器和逆变器开关周期 $T_s = 1/2000s$。由于电主轴工作时的负载低，所以设负载转矩 $T_L = 5N\cdot m$。在故障模型中分别取短路系数 μ 为 0、0.02、0.04 和 0.06，当 μ 为 0 时是电主轴驱动系统正常工作状态，0.02、0.04 和 0.06 代表故障的匝数占故障相总匝数的比值。Simulink 状态空间框图模型的仿真结果如下。

图 3.38（a）～（d）所示分别为各短路系数的定子三相电流图。

如图 3.38 所示，在电主轴驱动系统闭环下，无论电主轴驱动系统是否出现故障，定子三相电流都不会发生明显的变化，仅仅发生微小的波动。虽然波动随着故障加剧而明显，但在定子绕组匝间短路故障的早期还难以由此来分辨故障。

图 3.39（a）～（d）所示分别为各短路系数的电磁转矩图。

由电主轴驱动系统的电磁转矩图可以看出，电主轴驱动系统的电磁转矩在初期很大，其原因是电主轴驱动系统启动时具有升速的过程，电主轴驱动系统的励磁分量需要占据大量的电磁转矩。轻微的定子绕组匝间短路故障不会对电磁转矩造成显著的影响，只会对电磁转矩造成略微的波动。同样，从电主轴驱动系统的电磁转矩方面发现故障也十分困难。

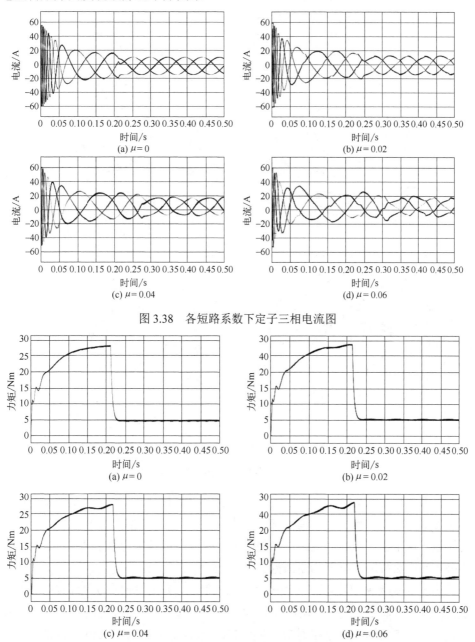

图 3.38　各短路系数下定子三相电流图

图 3.39　各短路系数下电磁转矩图

根据文献知，当电主轴驱动系统无故障时，电主轴驱动系统的定子磁链会构成一个以原点为中心的圆形。当定子绕组发生匝间短路故障时，会产生额外的基频分量，会使磁链圆发生畸变，此畸变会随故障程度的加剧而增加。图 3.40（a）～（d）分别为不同程度的磁链圆畸变图。

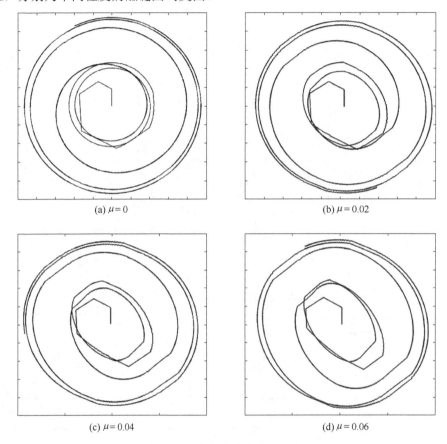

(a) $\mu = 0$　　　　　　　　　　　(b) $\mu = 0.02$

(c) $\mu = 0.04$　　　　　　　　　　　(d) $\mu = 0.06$

图 3.40　各短路系数下磁链圆

由电主轴驱动系统的定子磁链图可以看出，随着定子绕组匝间短路故障的加剧，磁链圆会发生畸变，会趋于椭圆形状。由此可见，观测定子的磁链圆，可以明显地发现定子绕组匝间短路故障的特征，磁链圆可以作为电主轴驱动系统定子绕组匝间短路故障的早期判断依据。

图 3.41 是各故障系数下转速的对比图。图 3.42 为电主轴驱动系统在各种匝间短路故障程度时的转速图。由图 3.41 可以看出，因为电主轴驱动系统是闭环控制系统，能够将实际的转速控制在预期的 200r/min。速度略高于 200r/min 的原因是控制器进行差值比较，存在控制器差值上限的误差。同时由转速图可以看出，随

着定子绕组匝间短路故障的程度增加，电主轴驱动系统从开机时的转速提升到预期的转速的时间增加，即启动时间增加。

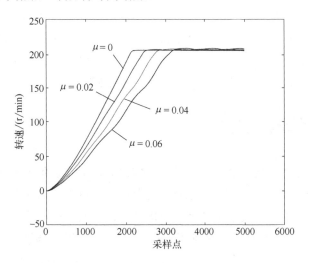

图 3.41　各故障系数下转速的对比

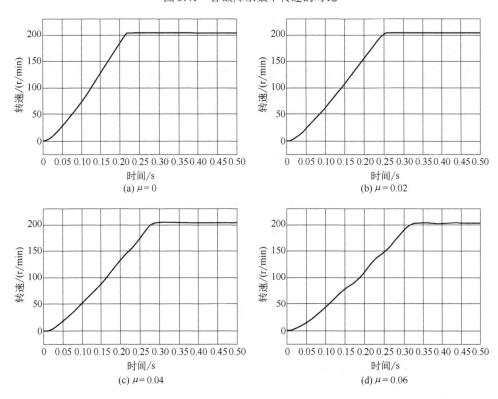

图 3.42　各短路系数下转速图

当电主轴驱动系统发生轻微的定子绕组匝间短路故障时，定子电流、电磁转矩和电机转速不会发生明显的变化，只是会附加波动。定子磁链圆在故障下会发生椭圆形的畸变，且启动速度降低。可以根据这两项进行早期故障的发现。电主轴驱动系统的 Simulink 框图模型基本符合电主轴驱动系统在正常以及定子绕组匝间短路故障状态下的现象，说明利用 Simulink 软件搭建的状态空间框图模型可以替代真实的电主轴驱动系统设备进行设计与实验研究。

3.3 转子断条故障

电主轴驱动系统是一个典型的机电一体化的设备，设备中包含电气部分与机械部分。Simscape 与 Simulink 在电路及控制中有很好的模拟仿真效果，但是对于机械部分的多种物理场很难做到有效的仿真分析。所以在本节对于机械部分，使用 Ansys-workbench 软件对电主轴驱动系统进行电磁-温度场耦合的有限元分析，同时使用 Twin-builder 软件建立 Simulink 与 Ansys-workbench 的场路耦合的仿真分析。

本节将多物理场耦合分析应用于电主轴驱动系统的转子断条故障的建模中，转子断条故障是发生于转子中的一种典型故障，其表现为笼型异步电动机的鼠笼导条断裂或者导条与端环之间发生断裂。当发生轻微的转子断条故障时，执行器电动机在低负载的情况下仍然能够继续工作，所以建立其多物理场耦合分析模型探寻能够在早期发现转子断条故障的方法。

3.3.1 电主轴驱动系统电磁-温度场基本理论

（1）电磁场有限元分析基本理论

电磁场的数值分析中主要使用麦克斯韦方程组，麦克斯韦方程组由安培环路定律、法拉第电磁感应定律、高斯电通定律和高斯磁通定律组成。

安培环路定律的表述为：磁场中磁场强度 B 沿一闭合路径的线积分等于该路径所围成的曲面中通过的电流的总和，用公式表述为：

$$\oint_{\Gamma} H \mathrm{d}l = \iint_{\Omega} \left(J + \frac{\partial D}{\partial t} \right) \mathrm{d}S \qquad (3.67)$$

式中　　Γ——曲面 Ω 的边界；

　　　　J——传导电流密度矢量；

　　　　$\partial D / \partial t$——位移电流密度，A/m^2；

D ——电通密度，C/m^2；

H ——电流产生的磁场强度；

l ——积分路径；

S ——闭合曲面。

法拉第电磁感应定律是指闭合回路产生的感应电动势与此回路中的磁通量对时间的导数成正比。可以表述为：

$$\oint_{\Gamma} E \mathrm{d}l = -\iint_{\Omega} \frac{\partial B}{\partial t} \mathrm{d}S \qquad (3.68)$$

式中　E ——电场强度，V/m；

B ——磁感应强度，T。

穿过任何一个闭合曲面的电通量等于这一闭合曲面上的电荷量，这被称为高斯电通定律，该定律可表达如下：

$$\oiint_{S} D \mathrm{d}S = \iiint_{V} \rho \mathrm{d}V \qquad (3.69)$$

式中　ρ ——电荷体密度，C/m^3；

V ——闭合曲面 S 所围成的体积区域。

高斯磁通定律的意思是穿过任何一个闭合曲面的磁通量恒等于零。可以表述为：

$$\oiint_{S} B \mathrm{d}S = 0 \qquad (3.70)$$

式（3.67）～式（3.70）组成了能够描述电磁场的麦克斯韦方程组。因为微分方程可以进行数值求解，所以在使用有限元方法进行建模分析时，使用麦克斯韦方程式的微分形式。麦克斯韦方程组的微分方程形式为式（3.71）～式（3.74）所示。

$$\nabla \times H = J + \frac{\partial D}{\partial t} \qquad (3.71)$$

$$\nabla \times B = -\frac{\partial B}{\partial t} \qquad (3.72)$$

$$\nabla \times B = \rho \qquad (3.73)$$

$$\nabla \times B = 0 \qquad (3.74)$$

此外，场量 E、D、B、H 之间的关系是由媒质的特性决定的。

在用数值计算法分析和计算电磁场问题时，引入位函数作为辅助量能够减少未知数的个数，简化电磁场问题，位函数包括磁矢位 A 和磁标位 φ。在使用有限元法进行磁场问题求解时，需要建立位函数与各求解域中各场量之间的关系，由此可以建立电磁场问题中的求解方程。

此处电主轴驱动系统有限元分析的数字化模型是二维模型，所以分析时使用的求解方程有适用于二维交变电场求解器的复数拉普拉斯方程［式（3.75）］和二维磁场求解器的波动方程［式（3.76）］。

$$\nabla \cdot \left[(\sigma + j\omega\varepsilon)\nabla\varphi \right] = 0 \qquad (3.75)$$

$$\nabla \times \left(\frac{1}{\sigma + j\omega\varepsilon}\nabla \times H \right) + j\omega\mu H = 0 \qquad (3.76)$$

式中，σ 是复数的实部；ε 是复数的虚部。

使用有限元方法对电磁场进行求解就是对各个划分好的求解区域求解微分方程，对于微分方程的求解问题一般分为几种情况。对于常微分方程，通过辅助条件将任意常数确定下来之后，就会得到唯一的解。对于偏微分方程，需要附加定解条件。定解条件分为能够描述边界所处物理环境的边界条件和确定场量的初始状态的初始条件。边界条件是指有限元模型在不同媒质的分界面上，场量 E、D、B、H 满足的关系。在使用 Ansys-workbench 软件进行电磁场分析时，不需要对边界条件进行设置，Ansys-workbench 软件中有默认的边界条件。只需要将不同媒质的材料进行设置，当对不同媒质的边界进行计算时使用默认的边界条件。初始条件是指电磁场受到的载荷、激励等情况。对于电主轴驱动系统的有限元模型就是输入的电压、负载转矩、初始电流、初始电源、转速、初始转速等。

（2）温度场有限元分析基本理论

对电主轴驱动系统温度场的分析主要用到计算传热学的相关知识，主要用到傅里叶建立的描述热流矢量和温度梯度的导热基本定律

$$q = -\lambda\operatorname{grad}t \left(\mathrm{W/m^2} \right) \qquad (3.77)$$

式中　q——热流密度矢量；

　　λ——热导率；

　　t——温度。

式（3.77）说明热流密度矢量指向温度降低的方向，同时也说明了热流密度矢量和温度梯度的关系。

有限元法对温度场问题的求解的本质与其它物理场是一样的，都是先要建立微分方程。对于温度场的温度 t 可表示为

$$t = f(x, y, z, \tau) \qquad (3.78)$$

在傅里叶导热定律的基础上，结合能量守恒与转化定律，能够将模型内的各点温度进行关联，由此能够建立出温度场的导热微分方程。

在温度场的有限元模型分析中，需要做一定的假设。

① 假定模型是各向同性的连续介质；

② 模型的热导率λ、比热容c和密度ρ均为已知的确定的数；

③ 模型体能由内热源生热。

基于上述的假设，从温度场的有限元模型中划分出一个微元体 $dV=dxdydz$。根据能量守恒与转化定律，对微元体进行热平衡分析，可以知道由热传导进入微元体的净热量与从微元体导出热量的差值，加上微元体中内热源生热产生的热量，等于微元体热力学能的增加。

$$\rho c\frac{\partial t}{\partial \tau}=\frac{\partial}{\partial x}\left(\lambda\frac{\partial t}{\partial x}\right)+\frac{\partial}{\partial y}\left(\lambda\frac{\partial t}{\partial y}\right)+\frac{\partial}{\partial z}\left(\lambda\frac{\partial t}{\partial z}\right)+q_{\mathrm{v}} \tag{3.79}$$

式中，q_{v}为单位时间单位体积中内热源生成的热量。

式（3.79）即为导热微分方程，它确定了物体的温度与空间变化与时间变化的关系。此导热微分方程仅仅是导热过程的通用表达式，并没有涉及某种特定的温度场分析，不具备某种特定的温度场分析的具体特点。

对于温度场的偏微分方程需要能够得到唯一解的条件，在温度场分析中把这种附加的条件称为单值性条件。

单值性条件一般地说有以下 4 项：

① 几何条件：几何条件是有限元模型的几何形状和尺寸。在 Ansys-workbench 软件中是设计或导入的二维、三维模型。

② 物理条件：参与导热过程的物理参数，如热导率λ、比热容c和密度ρ等。在 Ansys-workbench 软件中，在模型的材料中进行设置。

③ 时间条件：温度场的分析类型、载荷加载与时间的关系以及 0 时刻的温度场状态。稳态温度场与时间没有关系，瞬态温度场与时间是相关的，需要在瞬态温度场中设定导热过程物理条件与时间的关系。

④ 边界条件：在真实的物理场中，设备是处在外界环境中的，外界环境会对设备产生影响。对于电主轴驱动系统也不例外，定子外部与空气接触，定、转子中间有气隙进行热传导。映射到数字空间的数字化模型中是对外部的环境进行设置，比如用一个立方体将整个电主轴驱动系统的模型包围，立方体内的材料设置成空气。

（3）基于损耗分析的温度场理论

电主轴驱动系统产生热量的最主要来源是执行器内部的能量损耗，然而所有的能量损耗几乎都是电磁场造成的铁芯损耗和定转子绕组的铜耗。若要研究电主轴驱动系统的温度场，进行损耗分析是第一步，因为热量是由损耗得来的，是温度的源头。

① 执行器定转子铁耗分析。电主轴驱动系统执行器电机总损耗的绝大部分是定子、转子的铁芯造成的损耗，因此，对定子、转子的铁芯损耗分析是重中之重。执行器的定、转子铁耗可以分为三个部分，即磁滞损耗、经典涡流损耗和异常涡流损耗，根据定义，定转子铁耗 P_{Fe} 计算公式为：

$$P_{Fe} = P_h + P_c + P_e \tag{3.80}$$

式中 P_h ——磁滞损耗；

P_c ——经典涡流损耗；

P_e ——异常涡流损耗。

产生磁滞损耗的原因是在呈现交流变化的磁场中，铁磁材料的方向反复改变，铁磁材料被反复磁化，使得铁磁材料内部的磁畴不停地相互摩擦，造成能量损耗。

分析表明定转子铁芯磁滞损耗可用式（3.81）计算：

$$P_h = fV \oint HdB \tag{3.81}$$

式中 f ——磁场交变频率；

V ——铁芯体积；

$\oint HdB$ ——磁滞回线面积。

实验证明磁滞回线的面积与磁通密度 B_m 成正比，所以磁滞损耗可写成：

$$P_h = K_h f B_m^n V \tag{3.82}$$

或

$$P_h = C_h f B_m^n \tag{3.83}$$

式中，K_h 为单位体积磁滞损耗系数；C_h 为磁滞损耗系数，其值根据铁磁材料表获得。

由于存在局部磁滞环，所以还需要考虑磁滞损耗的增加系数 $C(B_m)$，得：

$$P_h = C_h f B_m C(B_m) \tag{3.84}$$

式中，$C(B_m) = 1 + \dfrac{0.65}{B_m} \sum_{i=1}^{n} \Delta B_i$；$B_i$ 为一个周期内磁密变化量。

当铁芯中的磁通发生改变时，定、转子铁芯中会产生感应电动势，进而产生感应电流引起涡流损耗。涡流损耗由频率、磁通密度和感应电动势决定。经典涡流损耗的表达式为：

$$P_c = C_c f^2 B_m^2 \tag{3.85}$$

式中，C_c 为涡流损耗系数，其值根据材料的电阻率查表确定。

当铁磁材料在交变的磁场中产生感应电动势时，感应电动势产生的涡流也会产生磁场。这样交变的磁场与感应电动势产生的磁场相互作用会改变磁畴结构，使得运动磁畴壁附件产生感应涡流。这种损耗被称为异常涡流损耗，其表达式为：

$$P_e = C_e f^{1.5} B_m^{1.5} \tag{3.86}$$

式中，C_e 为异常涡流损耗系数。

因此，可得执行器定转子铁芯损耗表达式：

$$P_{Fe} = P_h + P_c + P_e = C_h f B_m^n + C_c f^2 B_m^2 + C_e f^{1.5} B_m^{1.5} \tag{3.87}$$

② 执行器定转子铜耗。电主轴驱动系统定、转子中存在电阻，当电流流过时会产生发热的现象，此现象被称为定、转子的铜耗。铜耗 P_{CN} 的计算公式为：

$$P_{CN} = mI^2 R \tag{3.88}$$

式中　m ——电机相数；

I ——定子绕组中的电流有效值；

R ——每相绕组的有效电阻值。

其中：

$$R = \rho \frac{l}{s} \tag{3.89}$$

式中，l 为导线长度；s 为横截面积。

电阻率 ρ 在温度 t 时刻表示为：

$$\rho = \rho_0 \left[1 + \alpha_0 \left(t - t_0 \right) \right] \tag{3.90}$$

式中　ρ_0 ——初始电阻率；

α_0 ——电阻率变化系数；

t_0 ——初始时刻。

以上是电主轴驱动系统在运行过程中产生的主要损耗，损耗最终能够产生热能。在基于有限元分析的建模过程中，损耗是以生热的方式耦合到温度场的分析中的。可以定义生热率为单位时间内热源一个单位体积内产生的热量，由定义可得到公式：

$$Q = \frac{W_q}{V} \tag{3.91}$$

式中　Q——生热率；

　　　W_q——电机各部分热损耗；

　　　V——电机各部分有效体积。

对于绕组而言，其生热率可以写为：

$$Q = \rho J^2 \tag{3.92}$$

式中　ρ——绕组导线电导率；

　　　J——导线中的电流密度。

电主轴驱动系统的有限元模型的电磁-温度场耦合的方法一般有两种方案。一种为电磁场通过损耗分析再以生热的方式加载到温度场进行分析的单向耦合分析法，这种方案的原理如图 3.43 所示。

图 3.43　电磁-温度场单向耦合示意图

另一种方案为电磁-温度场双向耦合，其原理如图 3.44 所示。在进行电磁-温度场双向耦合分析时，电磁场和温度场同时进行计算。电磁场通过损耗分析产生热加载到温度场的同时，温度场的温度变化影响执行器的材料属性。由于基于有限元分析的方法仍然是进行数值计算，即在分析的过程中，时间是离散的，在每一次进行计算的时候都是将前一个离散的时间点的结果代入新的时间点中，所以电磁-温度场双向耦合的理论是可行的。但是要进行此方案的耦合分析，势必会占用较大的计算机资源，需要强大的计算机硬件支持，所以本节中采用的是单向耦合分析法。

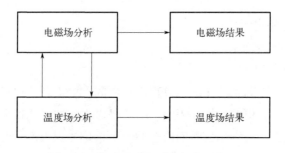

图 3.44　电磁-温度场双向耦合示意图

3.3.2 电主轴驱动系统的多物理场耦合模型

Ansys-workbench 的电力系统套件以及温度场分析模块，能够使用计算机数值模拟的方法对电主轴驱动系统进行多物理场耦合建模并进行分析。其中对电磁场的分析是使用如上节所述的麦克斯韦方程组，对温度场的分析是利用导热微分方程。在电磁-温度场耦合方面，是基于电主轴驱动系统的损耗进行，即将电主轴驱动系统的铁耗和铜耗以单向耦合的方式加载到温度场中，损耗作为生热源进行数值解算。

本节所要仿真建模的执行器的设计参数如表 3.7 所示。按照表 3.7 所列的设计参数，建立电主轴驱动系统执行器部分的二维模型，电主轴驱动系统的二维模型主要包括定子及定子槽、转子及转子槽、转动区域、内部区域和外层面域。因为转子是执行器的主要旋转部件，所以转动区域要包含整个转子及转子导条部分，同时有关运动的参数均在转动区域进行设置。内部区域以转子外轮廓为边界，包含转子、导条，内部区域的作用是加载气隙中空气与转子两个不同媒介之间的边界条件。外层面域包括整个电主轴驱动系统执行器的二维模型，用来加载外界环境与执行器模型的边界条件。建模结果如图 3.45 所示。

表 3.7　150MD24Z7.5 二维模型的设计参数表

项目	参数
额定功率	15kW
额定频率	50Hz
额定电压	380V
额定电流	34A
极对数	2
相数	3
定子外径	210mm
定子内径	136mm
铁芯长	145mm
气隙	0.8mm
转子内径	48mm
定子槽数量	36
定子槽参数	b_{01}=3.8mm，h_{01}=0.8mm b_{s1}=7.4mm，α_1=30° r_{s1}=5.1mm，$h_{sl1}+h_{sl2}$=16mm

项目	参数
转子槽数量	28
转子槽参数	b_{02}=1mm，h_{02}=0.5mm b_{s2}=4.2mm，α_2=30° r_{s2}=2.1mm，$h_{sl1}+h_{sl2}$=25mm
每槽线数	38
并联支路数	1
绕组形式	单层链式

注：b_{01}、b_{02} 为槽口宽；h_{01}、h_{02} 为槽口高；b_{s1}、b_{s2} 为齿宽；α_1、α_2 为槽口角；r_{s1}、r_{s2} 为槽底半径；$h_{sl1}+h_{sl2}$ 为总槽深。

然后对电主轴驱动系统的二维模型的各个部件设定材料的属性，转动区域、内层区域及外层面域的材料设定为 Air（空气），执行器的转轴材料设定为 Structural（结构钢），定子绕组的材料设定为 Copper（铜），定子铁芯及转子铁芯使用的是非线性的铁磁性材料 D23-50 硅钢片，转子导条的材料设为 cast aluminum（铸铝合金）。

将建立的电主轴驱动系统的几何模型进行网格划分，各个部件的剖分长度如表 3.8 所示。由于转子导条和定子绕组的尺寸比较小，相应地，其网格的尺寸也应该设置得小一些。电主轴驱动系统执行器的网格划分结果如图 3.46 所示。

表 3.8　仿真模型的各部件剖分长度

区域名称	剖分长度/mm
转子鼠笼导条	1.3
定子绕组	2.5
定子和转子铁芯	4.4
转轴和内层面域	4.6
转动区域	5
外层面域	5

本节对于电主轴驱动系统的研究是使用 Simulink 与 Ansys-workbench 两个软件进行耦合仿真分析。Simulink 中的模型作为执行器的外电路提供激励源与负载，Ansys-workbench 中的多物理场模型作为执行器。本节在第 2 章建立的驱动系统

模型的基础上，将执行器的状态空间框图模型替换成由 Ansys-workbench 建立的有限元模型，使用 Twin-builder 软件作为 Simulink 与 Ansys-workbench 软件之间耦合与数据交换的接口，在 Simulink 中调用 Twin-builder 提供的 AnsoftSFunction 接口模块替换掉原来的执行器框图模型。耦合分析在 Simulink 中的配置如图 3.47 所示。

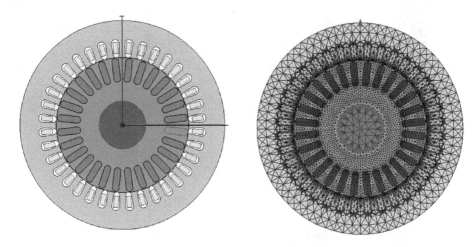

图 3.45　执行器二维结构图　　　　图 3.46　执行器网格剖分图

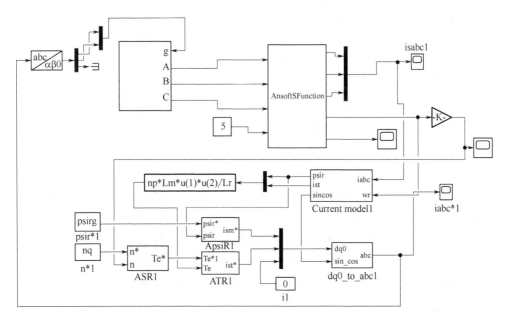

图 3.47　Simulink 中的配置

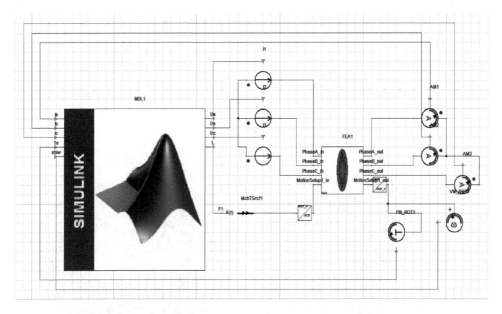

图 3.48　Twin-builder 中的配置

　　要实现 Simulink 与 Ansys-workbench 的场路耦合,单单在 Simulink 中配置是不够的,在 Twin-builder 中也需要进行相应的配置,如图 3.48 所示。在 Twin-builder 中放入 Simulink 的调用模块和有限元模型,并使二者按照仿真的需要相互连接。Twin-builder 中读取由 Simulink 传送过来的瞬态的三相电压和负载值,再经过有限元仿真出瞬态的三相电流、转速和电磁转矩,最后传给 Simulink 模块。通过两个接口文件的配置能够实现电主轴驱动系统的场路耦合的建模过程。

　　由于实际应用中的电主轴负载低,转速高,此处将负载转矩设置为 5N·m,其在 Simulink 中对驱动系统设置的外电路如图 3.47 所示。外电路沿用第 2 章的控制器 PWM 波生成器和逆变电路数学模型,只是将执行器的状态空间模型替换成 Ansys-workbench 中的多物理域有限元模型。将主轴的转动惯量设为 0.01kg·m²,阻尼系数设为 0.025N·s/m。为观察执行器的启动过程,在 Ansys-workbench 中将起始旋转速度设为 0r/min。

　　对模型进行求解,在 Ansys-workbench 的电磁场模块中能够获得健康状态下电主轴驱动系统执行器的磁力线和磁通密度分布情况,分别如图 3.49、图 3.50 所示。从图中可以看出,电主轴驱动系统执行器在健康状况下的磁力线分布以及磁密分布比较均匀且对称。

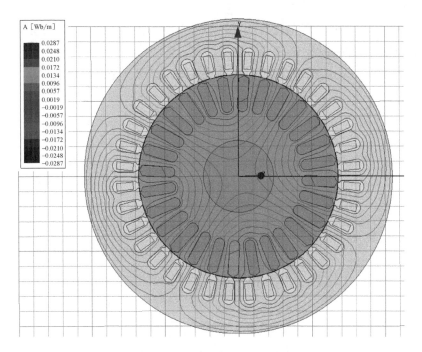

图 3.49　健康执行器模型的磁力线分布图

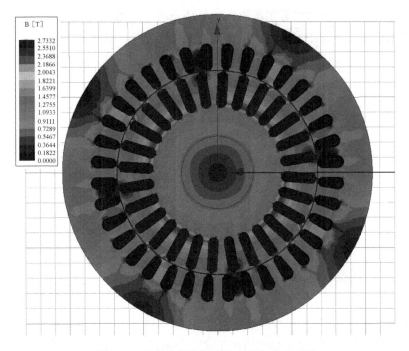

图 3.50　健康执行器模型的磁通密度分布图

由于对电主轴驱动系统进行的是瞬态分析，在转速图的起始阶段会出现执行器转速向上攀升的过程，转速由 0 急速增大，直至稳定。转速波形图如图 3.51 所示，由图可以可见虽然稳定状态时仍略有波动，但整体是趋于稳定的。

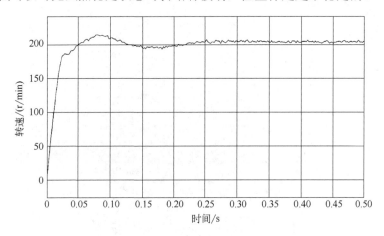

图 3.51　健康执行器转速图

图 3.52、图 3.53 分别为健康电主轴驱动系统执行器仿真模型的三相电流图和电磁转矩图。从图中可以看出，电主轴驱动系统执行器在健康状态下除了启动阶段电流和电磁转矩比较大之外，最终会达到稳定运行的状态。

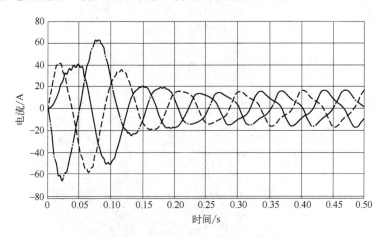

图 3.52　健康执行器三相电流图

在电主轴驱动系统中，温度特性会影响电主轴加工的精度和质量，对于温度场的分析是十分重要的，此处使用电磁-温度场耦合的方式对电主轴驱动系统的温度场进行考量。Ansys-workbench 软件能够实现良好的多物理场耦合分析，在温度场模块中添加基于电磁场铁芯损耗和绕组铜耗生热计算的负载。Ansys-workbench 中的配置如图 3.54 所示，温度场模块加载铁芯损耗、绕组铜耗负载的方式如图 3.55 所示。

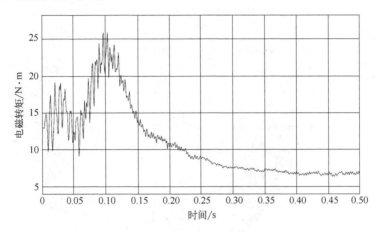

图 3.53　健康执行器电磁转矩图

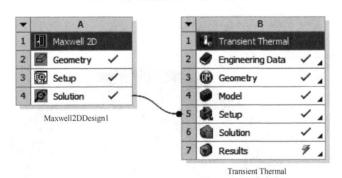

图 3.54　Ansys-workbench 中电磁-温度场耦合配置

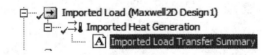

图 3.55　温度场模块加载铁芯损耗、绕组铜耗负载

图 3.55 和图 3.56 所示为健康状况下电主轴驱动系统执行器在 0.3s 时的定、转子铁芯损耗图和温度场分布图。由转速图 3.51 可以看出，在 0.3s 时电主轴驱动系统达到稳定运行的状态，所以选择此时的定、转子铁芯损耗与绕组铜耗加载到温度场中。从图中可见，铁芯损耗与温度场分布比较均匀且对称。在定、转子的边缘处因为有气隙的存在，在此处产生与空气的对流换热，铁芯损耗比较高。

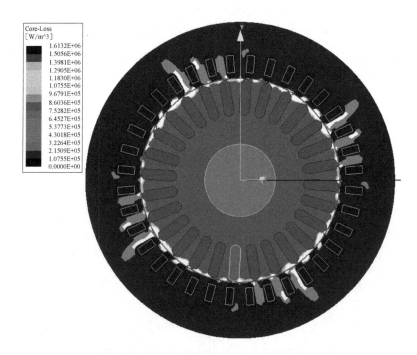

图 3.56　健康执行器的定、转子铁芯损耗图

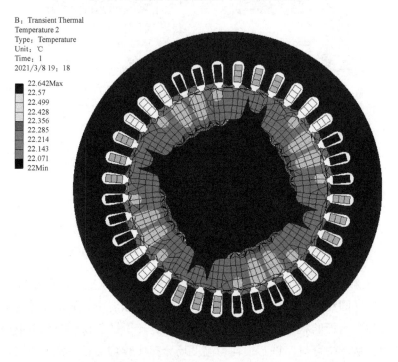

图 3.57　健康执行器温度场分布

3.3.3　转子断条故障的仿真分析

使用仿真进行故障建模分析的好处是不用破坏真实的电主轴驱动系统，只需在电主轴驱动系统的数字化模型中进行参数的修改、模型的变更、条件的改变等就可以模拟出故障的状态，产生故障的相关信号与数据。此处对于电主轴驱动系统的转子断条故障是使用修改参数的方法进行故障模拟。

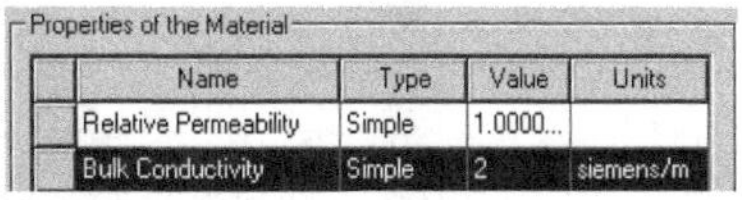

电主轴驱动系统的转子导条出现断裂被称为转子断条故障。当发生转子断条故障时，执行器的电路和磁路在导条中无法通过断裂的部位，但事实上导条上断裂的部分与转子并不是完全分隔，转子导条之间仍然有电流通过。一

Properties of the Material			
Name	Type	Value	Units
Relative Permeability	Simple	1.0000...	
Bulk Conductivity	Simple	2	siemens/m

图 3.58　转子断条故障设置方法

方面，电流可以从端环处流入其它的导条中，然后通过转子轭流回来，即仍然存在电流的通路。另一方面，由于执行器的转子在铸造时会被注入高压溶解铝，高压溶解铝穿透转子槽之间的薄片，使两个导条之间产生通路。所以在电主轴驱动系统的数字化模型中认为在断条处的电流不为零，只是电阻非常大，从而造成该处导条的电导率急剧减小。由于导条是铸铝材料，其电导率为 23000000S/m，当发生转子断条故障时，将导条的电导率设置为 2S/m 来进行转子断条故障的模拟，如图 3.58 所示，图 3.59 表示出的断条位置。

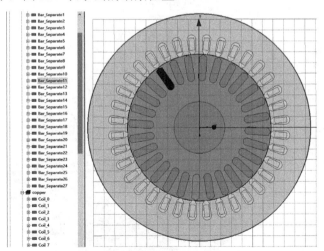

图 3.59　断条位置

对转子断条故障状态下的数字化模型进行有限元求解计算，得到电主轴驱动系统发生转子断条故障下的执行器定转子的磁力线分布如图 3.60 所示。由图可以

看出发生转子断条故障时,执行器的磁力线分布依然很均匀,表明转子断条故障对电主轴驱动系统的磁力线影响不大。仔细观察执行器的磁密分布图(图 3.61),在断条处的磁密增大,但增加效果并不明显,以磁力线和磁密分布来表明转子断条故障的特征并不显著。

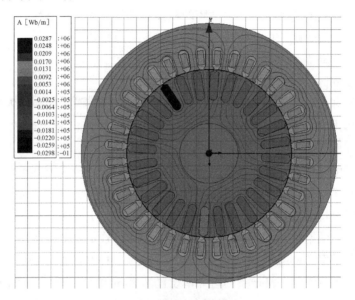

图 3.60 断条故障磁力线分布图

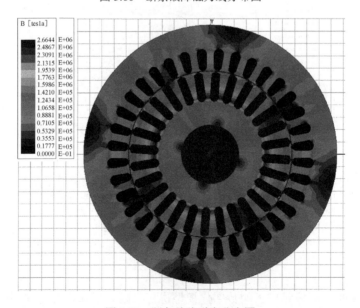

图 3.61 断条故障磁密分布图

图 3.62～图 3.64 为在 Simulink 中观测的驱动系统在转子断条故障下的转速、电磁转矩和三相转子电流图。从图中可以看出，系统仍然能够正常工作，只是增加了波动。

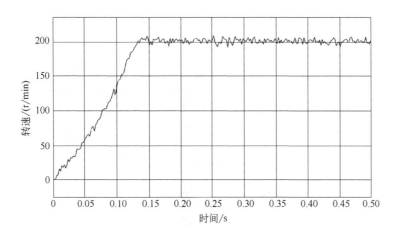

图 3.62　断条故障转速图

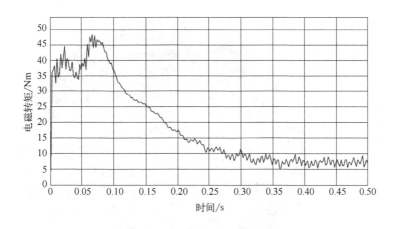

图 3.63　断条故障电磁转矩图

图 3.65 和图 3.66 分别为故障状态下定、转子铁损分布图与温度场分布图。与健康状态下的定、转子铁损与温度场分布图（图 3.56 和图 3.57）进行对比，可以发现发生转子断条故障时，定、转子局部的铁芯损耗最大值会由 $1.6×10^6 W/m^3$ 增加到 $2.72×10^6 W/m^3$，定子绕组的铜耗在数值上也会增加，整个执行器的温度升高，局部最高温度由 22.64℃ 提高至 27.15℃。

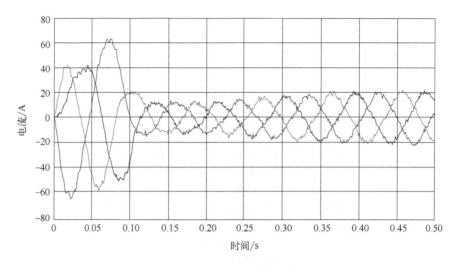

图 3.64　断条故障三相电流图

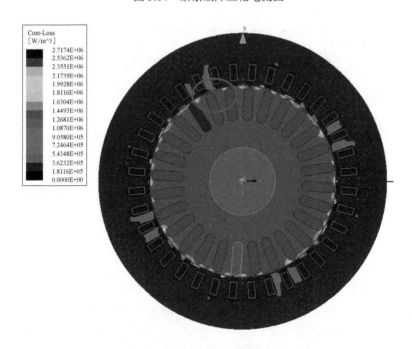

图 3.65　断条故障定、转子铁芯损耗

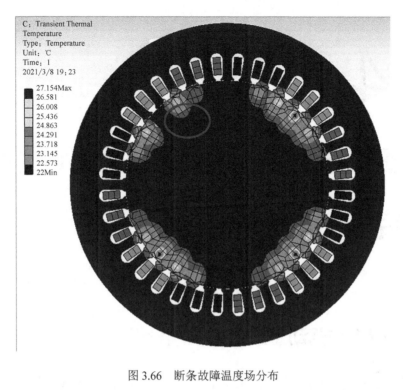

图 3.66　断条故障温度场分布

第 **4** 章

电主轴驱动系统性能退化评价研究

4.1 电主轴驱动系统退化机理分析

高速电主轴驱动系统随着工况和环境影响，其性能会出现衰退现象直至出现故障。在正常工作状态下可能会出现两种退化现象，即瞬间退化和累积退化。瞬间退化是系统在正常工作时直接过渡到故障状态，出现性能退化的时间极短，甚至没有；累积退化是系统在正常状态至故障状态转换时期的时间较长，转换时期为系统的性能退化阶段。为发现高速电主轴驱动系统的性能变化情况，需要对其易出现退化现象的部分进行机理分析，找到出现性能退化的类型。而高速电主轴驱动系统包括控制器及电主轴，控制器中各部件失效概率统计如图 4.1 所示，在控制器内出现性能退化较为严重的器件为 IGBT。选择 IGBT 为对象进行工作原理分析及退化分析，退化主要集中在键合线断裂和铝金属层的重构现象，在电主轴部分选择导线绝缘层的退化情况进行分析，发现性能退化的过程。掌握 IGBT 性能退化过程及电机的退化形式是研究高速电主轴驱动系统退化过程的关键部分。

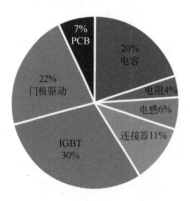

图 4.1　控制器中各部件失效概率

4.1.1　IGBT 对电主轴性能影响

高速电主轴使用变频器技术调节转速，变频器在工作过程中会对电主轴性能影响。IGBT 调节电主轴运行速度、加速度，且需要的启动功率低，广泛应用在交流调速系统中。

4.1.2　IGBT 退化机理分析

累积退化失效存在于 IGBT 整个工作过程中，瞬间退化失效是 IGBT 受到极大的冲击时出现的短时间故障。累积退化在 IGBT 使用过程中可以评估元器件性能退化程度，能够对元器件提前维护或更换，减少安全事故发生。

对 IGBT 累积退化监测需分析其退化机理，从键合线断裂及铝金属层重构两方面进行分析，影响这两方面的因素是元器件热量及压力冲击。由于在设计 IGBT 时，使用硅胶进行充实，减少了对 IGBT 加速失效的压力冲击，退化原因分析主要集中在器件的散热环节，对于 IGBT 的产热量和散热量分析，产热与散热平衡才能确保性能稳定。IGBT 在发生退化时，功率元件会产生热量，使得内部各点的温度值较大，加速键合线的应力形变及铝金属层的破坏。以下对温度变化及散热路径性能退化导致失效情况进行分析。

① 温度变化。IGBT 在运行过程中出现性能退化，导致内部功率损耗较大，其内部会产生较大的热量。一般情况下，电子模块在限定温度范围运行，当工作在内部高温的环境下时会使得内部的设定参数发生变化，如电迁移率、跨导率等，进而使得 IGBT 开关功能出现延迟动作。在发生电迁移时，会导致键合线与芯片的焊接处发生电子转移，出现空洞的现象，最终导致键合线开裂，甚至出现键合线熔断的情况。温度发生较大变化时，内部材料出现的胀缩程度不一致，这种应力也会加速 IGBT 的退化。在键合线一旦出现断裂现象时，其它键合线承受的载荷增大，寿命会严重降低，使得器件整体的性能退化加速，当大部分的键合线出现断裂的现象时，IGBT 表现为开路状态。

② 散热路径性能退化。温度上升速度较快会使得 IGBT 内部温度较高，导致性能加速退化，散热较慢也会产生相同的结果，其产生的结果是内部温度变化使得键合线开裂及铝金属层重组。散热过程分为两部分，其一是芯片与底部基板之间的散热过程，其二是底部基板与外界散热的过程，这两部分对整个 IGBT 的性能影响一样大，这两部分具体的失效原理如下叙述。从 IGBT 内部芯片至基板的散热过程，在元件的内部热量通过基板、焊料层等进行传输，其中的电气元件在工作过程中会不断地产生热量。模块内部的材料，有些是通过焊锡进行焊接，在

受到应力或者电迁移时使各材料接触位置最容易产生损坏，即焊锡层容易出现空洞、开裂等现象。焊锡层周围的损伤程度会随着 IGBT 内部温度变化的程度不断加深，性能处在累积退化的状态，导致 IGBT 的导通的电阻逐渐增大，导致功率转化为热量，温度会越来越高，形成恶性循环。铝金属层的退化过程是从四周向中间延伸，随着功率循环次数增大，铝金属层损坏的速率不断增大，导致铝金属层开裂，进而 IGBT 失效。从模块基板至外界的散热过程，该部分的散热较为稳定，主要是基板至外界之间的硅脂起到导热作用，而硅脂在长时间的使用过程会出现导热能力下降，并且基板和散热器的不直接接触也会滞留一些热量，该散热的过程使得 IGBT 内部存在温度的变化，长期的 IGBT 内部温度变化过程将使键合线开裂及铝金属层开裂。

IGBT 经过频繁的变换开断状态，产生功率与热量的转换，内部温度在高和低之间转换，该过程为 IGBT 功率循环。在此过程中 IGBT 内部材料受温度影响产生应力，造成键合线脱落及键合线裂纹的现象，使得 IGBT 性能退化。键合线脱落及键合线裂纹放大实物如图 4.2 所示。

 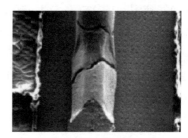

(a) 键合线脱落　　　　　　　　　　　　　(b) 键合线裂纹

图 4.2　IGBT 器件结构退化

IGBT 内部温度高低变化是功率循环的过程，构成 IGBT 的材料有多种，在温度变化时，多种材料的膨胀程度不一致，会产生应力。材料膨胀系数（CTE）如表 4.1 所示。

表 4.1　IGBT 各材料膨胀系数

名称	所用材料	CTE/（ppm[①]/℃）	名称	所用材料	CTE/（ppm/ ℃）
硅胶	硅树脂	30～300	铝金属层	铝	22.5
焊接层	焊锡	15～30	IGBT 芯片	硅	4.1
键合线	铝	22.5	基板	铜	17.5

① 1ppm=1mg/L。

IGBT 和二极管芯片之间的连接为键合线与铝金属层的连接，因铝和硅材料的膨胀系数差异比较大，在 IGBT 工作过程中，键合线和铝金属层温度增大时，会因膨胀而产生机械应力，在长时间应力作用下，IGBT 内部铝金属层和键合线呈现出累积退化。应力作用造成 IGBT 内部铝金属重构和键合线脱落，这两种情况都会造成各自部分电阻值增大，又因都是 IGBT 导通电阻值的构成部分，因此会导致导通电阻值增大。运用随退化程度加深，导通电阻值增大的结论，仿真控制系统退化过程。

4.2　基于隐含退化量的评价指标特征提取

控制系统运行一段时间不可避免出现性能退化，由于控制系统反馈环节的存在，在系统内部出现一定程度的退化时，依靠系统的输出无法监测系统当前性能退化，即闭环控制系统的隐含退化。数学模型是复杂系统的简单描述，具有复杂系统的特征，能够等价于系统。通过系统的简单数学模型对系统性能退化状态评价指标分析是本节研究的内容，运用参数辨识方法提取系统隐含退化特征，通过数学模型的参数向量建立性能评价指标值，监测控制系统隐含退化性能，通过控制系统叙述参数辨识及指标建立的过程。

4.2.1　控制系统的数学模型

高速电主轴转速环等效传递函数描述是对速度闭环系统性能研究的基础，图 4.3 和图 4.4 分别给出系统传递函数及转速环等效传递函数，图 4.5 给出电流环等效传递函数。K_n、K_I 分别表示转速、电流调节器放大倍数；T_n、T_I 分别为转速、电流调节器的积分时间常数，其余下标表示不同的传递函数环节；K_p' 表示 K/P 单元（比例单元）比例因子；K_s、T_s 分别表示整流桥放大倍数、整流桥延迟时间常数；T_M 表示电主轴机电时间常数；Δw_R^* 为设定值；Δw_R 为检测值；s 为传递函数模型中的复变量；α、β 为转换系数；Δi_s 为电流值；K_D 为传递函数中的比例系数；ΔI_d 为负载电流值。

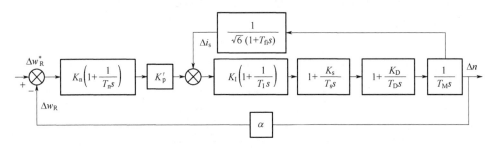

图 4.3　系统传递函数

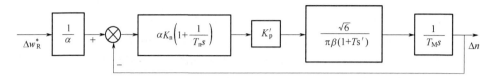

图 4.4　转速环等效传递函数

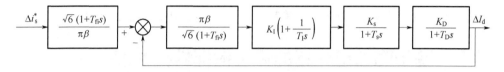

图 4.5　电流环等效传递函数

控制系统是由控制器、执行器及控制对象组成，如图 4.6 所示。图中 r 表示系统的给定值，e 表示偏差值，p 和 q 分别表示控制器输出和执行器输出，f 表示外界干扰，n 表示参数输出。控制系统模型是输入、输出及内部各变量之间的数学表达式。

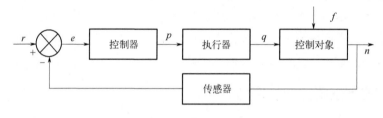

图 4.6　控制系统

在参数辨识方法中常用的系统模型表示方法有 ARMAX、ARX、Box-Jenkins 模型等，本章节选择 ARX 模型对控制系统建模的过程进行详细分析。

（1）ARX 模型结构

ARX 模型表示控制系统时，不需要知道系统内部的机理，仅需要采集系统的输入和输出信号即可建立与控制系统等价模型。ARX 模型对控制系统模型表示方式也称为"黑箱"建模。ARX 模型在线性和非线性控制系统中均可使用，ARX 模型如图 4.7 所示。

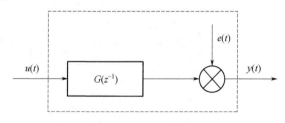

图 4.7　ARX 模型

ARX 模型结构简单，在噪声较小时有较高的拟合度，在噪声较大时，通过调整模型的阶次实现高拟合度。ARX 模型表达式如下：

$$A(q)y(t)=B(q)u(t)+e(t) \tag{4.1}$$

式中　$u(t)$——输入信号；

　　　$y(t)$——输出信号；

　　　$e(t)$——均值为零的白噪声信号；

　　　q——平移算子。

$A(q)$、$B(q)$ 分别为 n 阶和 m 阶多项式，表达式如下：

$$A(q)=1+a_1q^{-1}+a_2q^{-2}+\cdots+a_nq^{-n} \tag{4.2}$$
$$B(q)=b_1q^{-1}+b_2q^{-2}+\cdots+b_mq^{-m} \tag{4.3}$$

式中　a_n、b_m——系统数学模型参数；

　　　n、m　——辨识系统数学模型阶数。

结合上述三式，输出形式表示如下：

$$y(t)=-a_1y(t-1)-a_2y(t-2)-\cdots-a_ny(t-n)+b_1u(t-1)+b_2u(t-2)+\cdots+b_mu(t-m)+e(t) \tag{4.4}$$

将 ARX 模型参数 a_n、b_m 写成参数向量 $\boldsymbol{\theta}$，$\boldsymbol{\theta}=[a_1\ a_2\cdots a_n\ b_1\ b_2\ \cdots b_m]$。

（2）ARX 模型定阶

控制系统模型阶数的确定是参数辨识过程基础和重要内容，在辨识之前需了解系统的阶次信息。在计算时，如果运用比真实系统较高的阶次辨识，获得的辨识模型中具有多余的参数，辨识的模型不稳定；如果选择阶次低于真实系统，辨识的模型可能丢失系统信息，模型不准确。

1971 年，赤池提出一种定阶方法，即 AIC 赤池信息量准则，AIC 对应的函数为：

$$AIC(k) = 2k - 2\ln L\ ,\quad k = 0,1,2,\cdots,P \tag{4.5}$$

式中　L——似然函数；

　　　k——参数个数。

在准则公式中，L 越大，表示模型越精确，而 k 越小，表示模型越简洁。

（3）ARX 模型参数估计

选择最小二乘法进行模型参数估计。最小二乘法是一种经典高效的数据处理方法，通过数学计算的过程求得最优参数，在理论研究上应用较为常见虽然计算占用的内存较大，但可以适用于离线系统模型、在线系统模型以及线性系统模型、非线性系统模型。对单输入单输出系统 ARX 模型辨识问题进行研究，ARX 表达式如下：

$$y(k)=-a_1y(k-1)-a_2y(k-2)-\cdots-a_ny(k-n)+b_1u(k-1)+b_2u(k-2)+\cdots+b_mu(k-m)+w(k) \quad (4.6)$$

设 $\varphi(t)=[-y(k-1)\ -y(k-2)\ \cdots\ -y(k-n)\ u(k-1)\ u(k-2)\ \cdots\ u(k-m)]^{\mathrm{T}}$，$\theta=[a_1\ a_2\ \cdots\ a_n\ b_1\ b_2\ \cdots\ b_m]^{\mathrm{T}}$。ARX 模型可简写为 $y(t)=\varphi^{\mathrm{T}}(t)\theta+w(t)$，$w$ 表示均值为零的独立白噪声。

令 $k=1,2,\cdots,L$，共计 L 次观测，运用 L 次观测的结果组成方程组。

$$Y(L)=\Phi(L)\theta+W(L) \quad (4.7)$$

式中，$Y(L)=[\,y(1)\,y(2)\,\cdots\,y(L)]^{\mathrm{T}}$；

$$\Phi(L)=\begin{bmatrix} -y(0) & \cdots & -y(1-n) & u(0) & \cdots & u(1-m) \\ -y(1) & \cdots & -y(2-n) & u(1) & \cdots & u(2-m) \\ \vdots & \vdots & \vdots & \vdots & \vdots & \vdots \\ -y(L-1) & \cdots & -y(L-n) & u(L-1) & \cdots & u(L-m) \end{bmatrix};$$

$W(L)=[w(1)\ w(2)\ \cdots\ w(L)]^{\mathrm{T}}$。

在 $\Phi(L)$ 矩阵中方程个数为 L 个，未知数个数为 $n+m$ 个，为保证求解未知数有解，需要 $L \geqslant n+m$。通过构造 L 个方程，满足运用最小二乘法计算要求，进行参数最优估计计算。根据参数估计值能够计算出辨识系统的输出，真实系统的输出与辨识系统的输出的差定义为模型残差 $\varepsilon(t)$，其计算式如下：

$$\varepsilon(t)=y(t)-\hat{y}(t)=y(t)-\varphi\,\hat{\theta} \quad (4.8)$$

为确定参数估计值的准确性，需要使得 $\varepsilon(t)$ 值较小。对于上述方程，只需求解 $y(t)-\varphi\hat{\theta}$ 的最小值，对于最优解求解过程中的误差值的累积和用损失函数来表示。最小二乘法的准则函数为：

$$J(\theta)=\sum_{k=1}^{L}\Lambda(k)[y(k)-\varphi^{\mathrm{T}}(k)\theta]^2$$
$$=[\,Y(L)-\Phi(L)\theta]^{\mathrm{T}}\Lambda_L[\,Y(L)-\Phi(L)\theta] \quad (4.9)$$

式中 $J(\theta)$——准则函数；

$\Lambda(k)$——加权值；

Λ_L——加权对角阵，正定矩阵。

在最小二乘法准则中引入加权值，对观测数据进行修正，增加数据可信度。对最小二乘法准则函数求偏导，使得准则函数取得最值。公式如下：

$$\frac{\partial J(\theta)}{\partial\theta}=\frac{\partial}{\partial\theta}\left\{[\,Y(L)-\Phi(L)\theta]^{\mathrm{T}}\Lambda_L[\,Y(L)-\Phi(L)\theta]\right\}=0 \quad (4.10)$$

解偏导方程可得：

$$\hat{\theta}=[\Phi(L)^{\mathrm{T}}\Lambda_L\Phi(L)]^{-1}\Phi(L)^{\mathrm{T}}\Lambda_L\Phi(L) \quad (4.11)$$

需要进行二次导数求解，可得二次偏导方程如下：

$$\frac{\partial^2 J(\boldsymbol{\theta})}{\partial \boldsymbol{\theta}^2}\Big|\hat{\boldsymbol{\theta}} = 2\boldsymbol{\Phi}(L)^{\mathrm{T}}\boldsymbol{\Phi}(L) \tag{4.12}$$

$\boldsymbol{\Lambda}_L$ 为正定矩阵，因此 $\boldsymbol{\Phi}(L)^{\mathrm{T}}\boldsymbol{\Lambda}_L\boldsymbol{\Phi}(L)$ 为正定矩阵，最优估计参数在最小值处取值，最优估计参数 $\hat{\boldsymbol{\theta}} = [a_1 \ a_2 \ \cdots \ a_n \ b_1 \ b_2 \ \cdots \ b_m]$。

（4）ARX 模型校验

模型检验是确定模型准确度的步骤，根据模型方程：

$y(k) = -a_1 y(k-1) - a_2 y(k-2) - \cdots - a_n y(k-n) + b_1 u(k-1) + b_2 u(k-2) + \cdots + b_m u(k-m) + e(k)$

判断计算出的残差是否为独立时间序列 $\varepsilon(t)$，根据其标准确定模型的准确度。将估计参数 $\hat{\boldsymbol{\theta}}$，阶数 m、n，代入假设模型，获得实际的检验模型 $y(t) = \boldsymbol{\varphi}(t)\hat{\boldsymbol{\theta}}$。在时域中对 ARX 模型进行校验，引入模型拟合度表达式：

$$F = \left(1 - \frac{\|\boldsymbol{Y}_i - \hat{\boldsymbol{Y}}_i\|}{\|\boldsymbol{Y}_i - \bar{\boldsymbol{Y}}_i\|}\right) \times 100\% \tag{4.13}$$

式中　F——模型拟合度；

　　　$\boldsymbol{Y}_i$——模型仿真输出；

　　　$\hat{\boldsymbol{Y}}_i$——模型理论输出；

　　　$\bar{\boldsymbol{Y}}_i$——理论输出平均值。

模型拟合度表征数学模型与真实系统的相似精度，当拟合度 F=100%时，拟合度结果说明模型输出与理论输出一样。由于噪声干扰等影响，F 值低于 100%。在拟合度 F 大于等于 85%时，认为模型精度符合要求，能够运用系统模型进行特征分析。

4.2.2　模型参数的特征提取

数学模型能够表征控制系统特征，选择 ARX 模型描述控制系统，运用最小二乘法确定模型参数，参数组成的参数向量 $\boldsymbol{\theta}$ 为控制系统特征值，参数辨识的过程为控制系统特征提取。系统辨识方法在化工过程、大型流水设备及自动控制设备性能分析中广泛使用，辨识方法的用途可以是系统内部元器件参数的辨识、故障的检测及系统性能的参数变化辨识。为很好地运用辨识的方法解决系统的建模问题，需要明确系统辨识的流程及辨识过程主要工作。系统辨识示意图如图 4.8 所示。

系统辨识方法在很早之前由 Zadeh 提出，并给出系统辨识定义，系统辨识是依据采集输入与输出数据，选择系统阶数和结构确定系统模型的过程。在当前大型制造及化工企业，工作人员需要清楚了解控制系统的响应行为，按照其相应过程进行控制监测，而系统辨识则重在考虑系统的输入和输出，运用采集到的输入输出数据进行控制系统模型建立。系统辨识过程需要数据集、模型阶次结构及估计准则，基于控制系统输入输出数据，选择特定的模型结构及阶次，按照确定的准则找到所测系统等价模型。辨识方法流程如图 4.9 所示。

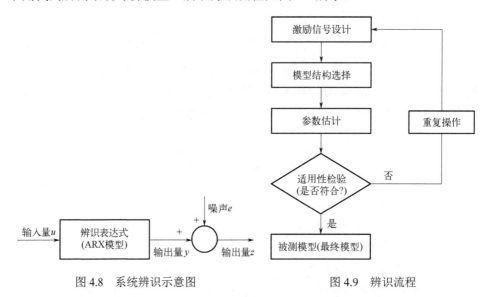

图 4.8　系统辨识示意图　　　　　　图 4.9　辨识流程

　　系统辨识过程分为激励信号设计、模型结构选择、参数估计和适用性检验过程。对系统性能的检测需要借助外界的信号冲击，对系统辨识多采用激励信号，激励信号的种类较多，有正弦波激励信号、矩形波激励信号、伪随机激励信号及广义二进制激励信号等。激励信号的设计对于辨识结果的影响较大，对于不同类别的系统需要选择/设计适合的辨识激励信号。本研究内容中选择的激励信号是伪随机激励信号，该信号产生的方法很多，可通过移位寄存器的方法获得。

　　输入信号的设置点（输入位点）在控制端，设置一个输入位点，输出信号设置点（输出位点）为多个。运用辨识的方法检测性能的变化具有很大的灵活性。如图 4.10 所示，存在一个激励信号输入位点为控制器前端，存在两个输出位点 y_1 处和 y_2 处。面对单个输入、多个输出系统时，可建立多组输入输出数据集，分别运用辨识方法获得每部分系统参数向量，即通过输入 u，输出 y_1、y_2 建立两组输入输出 $[u\ y_1]$ 及 $[u\ y_2]$，可得控制器部分和整个系统特征参数向量。

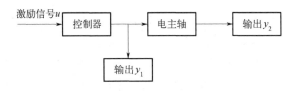

图 4.10　输入和输出位点

系统辨识实验采集的输出数据是系统直接输出，数据中混有干扰噪声，需要对输出数据预处理，辨识实验预处理的方法为数据滤波及均值化。运用数据去噪的方法去除数据中的干扰，均值化解决数据漂移和偏离问题，以便提高特征参数提取的精度。

系统辨识流程中模型结构选择、参数估计及适用性校验按照前文叙述，获得给定控制系统符合精度要求的辨识模型。参数估计获得特征参数向量 θ，蕴含着当前辨识状态下系统的性能特征，将特征参数向量 θ 求取过程定为控制系统特征提取过程。

控制系统退化过程属于隐含累积退化，运用不同时间段采集的输入输出数据进行参数辨识，可得到不同的特征参数向量，运用该特性对不同时段系统特征进行提取，可选择设备停机后或者开机前采集数据，每次提取的特征参数向量表征当前辨识时间系统的性能信息。定期或按需对系统进行参数辨识，获得系统当前辨识状态下特征参数向量。对于性能退化的辨识过程需要掌握的步骤如下（图 4.11）：设置输入、输出位点，将伪随机信号加入被辨识系统；对无退化状态的系统进行参数辨识，获得特征参数向量 θ，将其作为参数向量基准；对退化阶段的系统定期参数辨识，获得每次监测时的特征参数向量 θ_i，直至系统失效时停止。

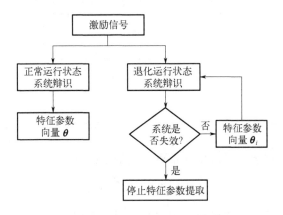

图 4.11　系统退化辨识流程

系统正常状态设为系统运行 500h 时的性能状态,对系统正常状态特征参数提取过程即为对运行 500h 的系统参数辨识,系统退化状态特征提取过程即为设备运用 500h 之后时间的参数辨识过程。系统是否失效的判断依据系统能否满足实际预期要求,如果无法满足预期要求即为系统失效,失效判断的标准需要运用下文性能评价指标值。对于系统未出现失效阶段,需不断进行特征参数提取,为后文性能评价指标建立提供特征参数向量。

4.2.3　评价指标的建立

通过参数辨识方法提取系统性能退化特征值 a_1, a_2, $\cdots$, a_n, b_1, b_2, $\cdots$, b_m, 运用特征值建立驱动系统性能评价指标,建立性能评价指标的方法较多,本文在系统研究过程中采用欧氏距离方法进行性能评价指标建立,如图 4.12 所示。

设样本 $X=[x_1, x_2, \cdots, x_n]^T$, $Y=[y_1, y_2, \cdots, y_n]^T$, 将两特征参数向量之间的 Euclidean 距离值作为性能评价指标值,即隐含退化量。欧氏距离(Euclidean distance,ED)是坐标系中两点距离的计算值,可计算两个向量之间的距离值,在层次聚类分析算法的研究上使用较多。欧氏距离求取时需要向量数值之间的量纲统一,对于量纲差距较大的不适用。

欧氏距离公式为:

$$dist = \sqrt{(x_1 - y_1)^2 + (x_2 - y_2)^2 + \cdots + (x_n - y_n)^2} = \sqrt{\sum_{i=1}^{n}(x_i - y_i)^2} \qquad (4.14)$$

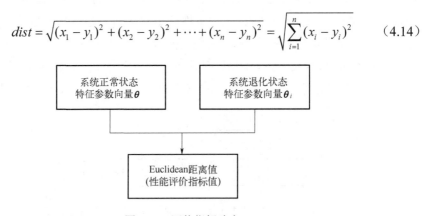

图 4.12　评价指标建立

特征参数向量之间 Euclidean 距离公式如下:

$$dist(\boldsymbol{\theta}, \boldsymbol{\theta}_i) = \|\boldsymbol{\theta} - \boldsymbol{\theta}_i\| \qquad (4.15)$$

式中　$\boldsymbol{\theta}$——系统正常状态特征参数向量,基准向量;

　　$\boldsymbol{\theta}_i$——系统退化状态为 i 时的特征参数向量,$i=1,2,\cdots,n$;

$dist(\boldsymbol{\theta},\boldsymbol{\theta}_i)$——系统特征参数向量之间欧氏距离值，性能评价指标值。

为保证辨识实验欧氏距离值正确性，可采集当前状态多次输入输出数据，进行多次参数辨识，获得多组欧氏距离值，多个距离值求平均值作为性能评价指标值。系统失效状态是表示性能评价指标值大于 $dist(\boldsymbol{\theta},\boldsymbol{\theta}_i)$ 值时的状态。

假设正常状态下 ARX 模型为：

$$y_0(t)=a_{01}y_0(t-1)+a_{02}y_0(t-2)+\cdots+a_{0n}y_0(t-n)+b_{01}u_0(t-1)+b_{02}u_0(t-2)+\cdots+b_{0m}u_0(t-m)+w_0(t)$$

正常状态特征参数向量 $\boldsymbol{\theta}=[a_{01}\ a_{02}\cdots a_{0n}\ b_{01}\ b_{02}\cdots b_{0m}]$，作为性能评价指标计算的基准向量，在系统退化 i 状态下 ARX 模型如下：

$$y_i(t)=a_{i1}y_i(t-1)+a_{i2}y_i(t-2)+\cdots+a_{in}y_i(t-n)+b_{i1}u_i(t-1)+b_{i2}u_i(t-2)+\cdots+b_{im}u_i(t-m)+w_i(t)$$

系统退化 i 状态下特征参数向量 $\boldsymbol{\theta}_i=[a_{i1}\ a_{i2}\cdots a_{in}\ b_{i1}\ b_{i2}\cdots b_{im}]$，$i=1,2,\cdots n$，作为性能评价指标计算的状态向量。

4.3　驱动系统的性能评价仿真分析与实验验证

4.3.1　仿真模型的搭建

根据矢量控制方法搭建按照转子磁链定向矢量控制器，如图 4.13 所示，实现了转矩与磁链的解耦控制。设定电主轴参数如表 4.2 所示，电主轴转矩为阶跃值，从 2s 之前的 2N·m 阶跃到 10N·m。设定电主轴转速为 10000r/min，运用示波器显示电主轴的转速及转矩，如图 4.14 所示，示波器显示如下：转速在 10000r/min 时能够稳定运转，响应时间为 1.2s，在 1.2s 时转矩稳定在 2N·m，在 2s 时进行阶跃转变。可知仿真模型性能良好，能够准确进行仿真模拟。

表 4.2　电主轴参数

参数名称	参数值	参数名称	参数值
额定功率	9kW	转子电感	0.001H
额定电压	350V	互感	0.026H
额定频率	300Hz	摩擦系数	0.000
定子电阻	1.13Ω	转动惯量	0.00258kg·m^2
定子电感	0.001H	极对数	1
转子电阻	2.8Ω		

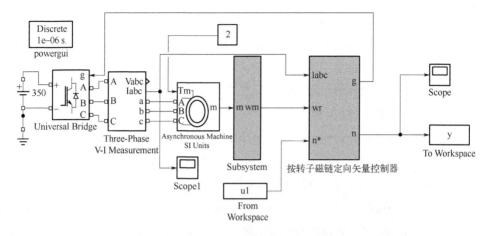

图 4.13 矢量控制仿真

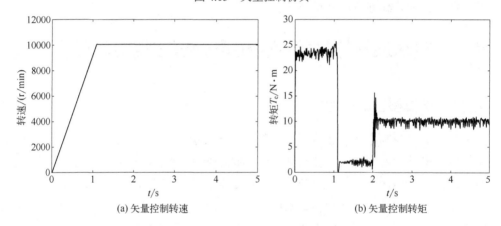

(a) 矢量控制转速

(b) 矢量控制转矩

图 4.14 电主轴矢量控制输出

4.3.2 模型参数的影响分析

对于系统内部参数的调整，分析改变系统参数是否对辨识结果产生影响。对于高速电主轴驱动系统进行辨识时，在激励信号设计阶段、输入输出数据采集阶段及改变系统内部参数过程中是否存在辨识结果影响因素进行仿真验证。将逆变器内功率变流器的导通电阻值设定为 100mΩ、120mΩ、150mΩ、190mΩ，按照上述的辨识步骤进行辨识，得到模型理论输出与辨识输出。在每个导通电阻值下对辨识参数比较分析，运用欧氏距离建立系统性能评价指标值，可知导通电阻值对系统性能评价指标值存在影响。

（1）输入数据长度对特征参数影响

为确保系统性能评价的准确性，分析激励信号样本个数（输入数据长度）对特征参数的影响，经过如图 4.15 的仿真实验分析，样本个数不对特征参数辨识结果产生影响。仿真过程中对输入数据采集的个数分别为 50000、5000、500，其采集过程对应的采集频率为 0.0001、0.001 和 0.01，输入数据选择的是伪随机激励信号，按照特征参数辨识步骤进行特征参数提取。

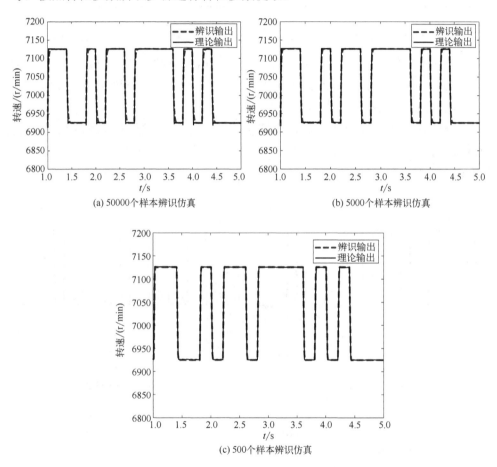

图 4.15　输入数据长度对特征参数影响仿真

系统的理论输出与辨识输出的拟合度可确定辨识的准确性，综合以上三个过程的数据采集与参数辨识，从特征参数辨识中获得特征参数，计算各组之间的欧氏距离值，即性能评价指标值。表 4.3 为特征参数辨识结果。

表 4.3　样本个数变化特征参数辨识结果

样本个数	特征参数向量	a_1	a_2	b_1	b_2
500	θ_1	−1.9442	0.9621	0.3256	0.0355

样本个数	特征参数向量	a_1	a_2	b_1	b_2
5000	θ_2	−1.9460	0.9561	0.3273	0.0315
50000	θ_3	−1.9472	0.9619	0.3215	0.0307

根据不同样本个数提取的高速电主轴系统特征参数向量 θ，计算特征参数向量 θ 之间的欧氏距离如下：$dist(\theta_1,\theta_2)$=0.0076，$dist(\theta_1,\theta_3)$=0.0070，$dist(\theta_2,\theta_3)$= 0.0083。通过特征参数向量之间的欧氏距离值可以得出采集输入样本个数对辨识结果无影响。

（2）幅值对特征参数影响

分析激励信号幅值对提取特征参数影响，设置激励信号幅值分别为 6500r/min、7000r/min、8000r/min、9000r/min，分别进行仿真分析，仿真输出拟合图如图 4.16 所示。

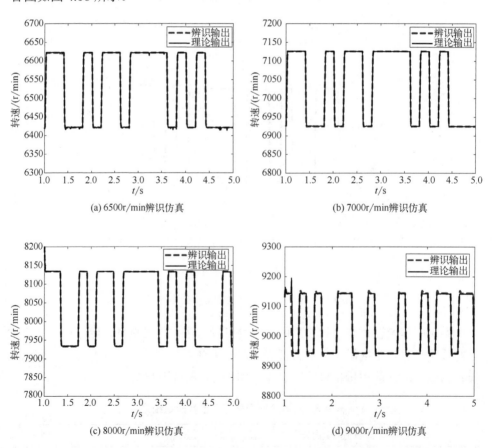

图 4.16　幅值对特征参数影响仿真输出

通过特征参数提取过程，获得不同幅值下的特征参数，表 4.4 为幅值变化特征参数辨识结果。

表 4.4　幅值变化特征参数辨识结果

幅值/(r/min)	特征参数向量	a_1	a_2	b_1	b_2
6500	θ_4	−1.9432	0.9611	0.3243	0.0333
7000	θ_5	−1.9372	0.9551	0.3278	0.0312
8000	θ_6	−1.9422	0.9616	0.3243	0.0311
9000	θ_7	−1.9413	0.9549	0.3281	0.0330

综上四组仿真实验，计算特征模型参数向量之间的距离：$dist(\theta_4,\theta_5)=0.0094$，$dist(\theta_4,\theta_6)=0.0025$，$dist(\theta_4,\theta_7)=0.0075$，$dist(\theta_5,\theta_6)=0.0069$，$dist(\theta_5,\theta_7)=0.0089$，$dist(\theta_6,\theta_7)=0.0045$。特征参数向量之间的距离很小，表示在同一个层次聚类中相似度非常高。图 4.16 中四个理论输出与辨识输出拟合度显示模型仿真拟合度很高，证实了激励信号幅值对提取高速电主轴驱动系统模型特征参数向量无影响。

（3）系统内部元器件参数对特征参数影响

为研究系统内部参数对特征参数提取影响，选择改变 IGBT 器件的导通电阻值进行仿真实验，设定导通电阻仿真值为 100mΩ、120mΩ、150mΩ、190mΩ，导通电阻值呈现增大的趋势。选择的系统激励信号为伪随机激励信号，幅值为 9000r/min，仿真输出图如图 4.17 所示。

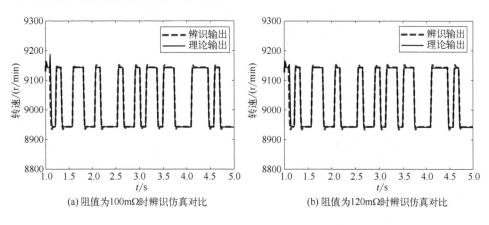

图 4.17

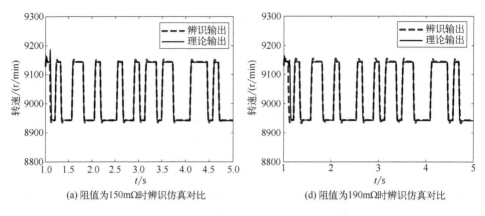

(a) 阻值为150mΩ时辨识仿真对比   (d) 阻值为190mΩ时辨识仿真对比

图 4.17　系统内部参数对特征参数影响仿真输出

对 IGBT 设定四个不同的导通电阻值，按照参数辨识流程提取特征参数，表 4.5 为特征参数辨识结果。

表 4.5　导通电阻值变化特征参数辨识结果

导通阻值/mΩ	特征参数向量	a_1	a_2	b_1	b_2
100	θ_8	−1.9231	0.9232	0.3069	0.0307
120	θ_9	−1.9075	0.9863	0.3941	0.0163
150	θ_{10}	−1.9963	0.8028	0.4014	−0.0201
190	θ_{11}	−2.1205	0.8431	0.3162	−0.0287

综上四组仿真实验，在 IGBT 器件导通电阻逐渐增大的趋势下，分别提取导通电阻值改变后的模型特征参数，计算模型特征参数向量之间的距离：$dist(\theta_8,\theta_9)$=0.1097，$dist(\theta_8,\theta_{10})$=0.1700，$dist(\theta_8,\theta_{11})$=0.2132。根据模型特征参数向量之间距离可知，随着导通电阻值逐渐增大，模型特征参数向量之间的距离逐渐增大，模型参数影响性能评价指标值。该部分仿真结果表明了随着 IGBT 器件性能的不断退化，导通电阻值逐渐增大，模型特征参数向量之间的欧氏距离越来越大，即隐含退化量增大。图 4.18 为欧氏距离随导通电阻值变化的曲线图。

4.3.3　过流冲击实验

过大的电流会造成功率变流器的累积损坏，通过 IGBT 器件过流冲击实验，分析 IGBT 在失效之前的退化过程与导通电阻的关系。

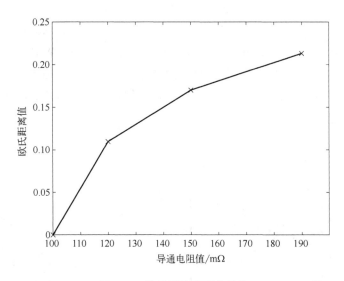

图 4.18　欧氏距离值变化趋势

（1）实验平台搭建

实验设备主要是 DUT（待测 IGBT，型号为 IKPO1N120H2）、DSP（digital signal processor，数字信号处理器，型号为 ZO28335）开发板、直流电源、温度传感器、数据采集卡及示波器。实验的电路部分是由控制电路、保护电路及检测电路构成，下面对每一部分的构成进行详细的叙述。图 4.19 为过流冲击实验原理主电路。主电源为冲击实验提供电源，其输出的电压范围是 30V 以内，输出的电流范围为 10A 以内，能够稳定地输出；IGBT 在正常测试时出现失效的电流和电压值分别为集电极电流 3.2A 和集射极电压 1200V；在进行冲击实验时没有与高速电主轴进行电路连接。

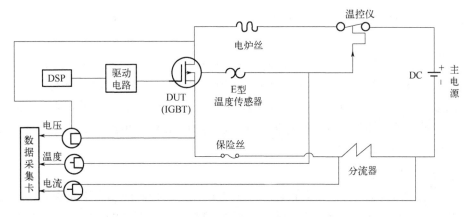

图 4.19　冲击实验原理

① 驱动控制电路。本部分采用感性负载来代替电主轴。图 4.20 为驱动控制电路图，DSP（Digital Signal Processor）产生驱动 IGBT 的 PWM 波形，从图中可知该电路由稳压二极管、电阻和电容等元器件组成。该部分是对冲击信号的发出进行控制，调节驱动 IGBT 的 PWM 波形，使得实验产生 IGBT 加速累积退化和产生不明显退化的过程。

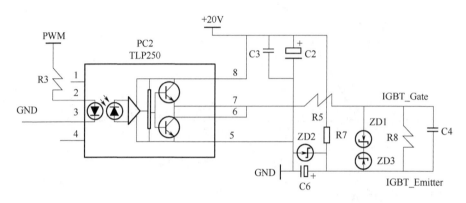

图 4.20　驱动控制原理

IGBT_Gate—IGBT 的门极；IGBT_Emitter—IGBT 的发射极；TLP250—光耦合器的型号；

PC2—接点（point of contact）2

② 保护电路。为防止在进行冲击实验时导线过热引发的安全性问题，设置保护电路。在进行实验时，IGBT 经受重复过流的冲击，内部的元器件之间会出现短路发热的现象，使得实验使用的器件持续高温，需要进行切断电源保护。保护电路部分用到的设备为温度控制器，当实验环境的温度超过人工设定实验温度上限值时，温度控制器断开主回路的通电状态，避免出现危险事故，选用的温度控制器的型号为 KZ2810FK02-1*AN，可人工设定实验上限温度，能够智能切断电路。

③ 测量电路。对实验过程中电流和电压输出进行测试，为后面进行退化实验过程做准备。运用采集卡测量的电压为集射极电压 V_{ce}，电流为集电极电流 I，采用的采集卡型号为 PCL-1716。该采集设备具有高采集率和分辨率的特点，能够满足实验的要求。由于采集卡在电流采集上的限制，在进行电流采集时需要通过电压的转换实现电流的记录。

（2）电压实验及结果分析

① 实验目的。电压实验能够得到 IGBT 正常工作时的电压值取值范围，为后续的 IGBT 冲击退化实验做准备。电压实验是不断地调节电源电压进行多次实

验，从开始的非线性输出到最后的线性输出，其线性的输出部分即为 IGBT 正常工作时的电压区间。在进行冲击退化实验过程中，严格按照本实验的结果数据进行，使得冲击退化实验有条件依据。

② 实验条件。实验设置的电压值为 2.0～9.5V 的递增，以每 0.5V 为采集间隔进行电流和电压的采集；实验室温度控制为 26℃；PWM 波形需要设置的周期为 1s，脉宽为 10s。

③ 实验结果与分析。电源电压 2～9.5V 的递增过程中，数据采集卡采集到 14 组的集射极电压和集电极电流，通过采集到的数据进行图形绘制，分别以集射极电压和集电极电流作为横纵坐标，即可得到电压与电流关系曲线，如图 4.21 准输出曲线图。在电源电压大于 7.5V 时，这时的集电极电流值才超过 2.5A。根据实验过程研究，进行退化实验时选择电压源的电压值为 8.0V，集电极电流为 3A，使得退化实验在 IGBT 正常工作电压下进行。

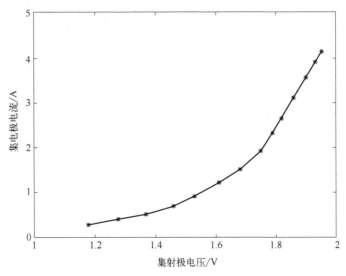

图 4.21　准输出曲线图

（3）退化实验及结果分析

① 实验目的。IGBT 的累积退化过程较为缓慢，在进行相应内容研究过程中需要较快地得到结果，对 IGBT 器件进行重复大电流冲击实验，其等效为 IGBT 自然的累积退化。设定冲击次数和采集卡采集数据的频率，通过冲击过程加快退化过程，得到相应的集电极和集射极数据。分析实验的数据证实内部电阻 R_{on} 值的变化是与 IGBT 器件的退化程度有关系的，可以通过调节 R_{on} 的具体值等效 IGBT 的退化程度，进行退化研究仿真实验，验证理论分析的正确性。

② 实验条件。为使电源提供的电压和电流能对 IGBT 造成相应的退化冲击，调节电源电压为 15.0V，冲击电流为 6A；选择 PWM 波形周期为 5s，脉宽为 0.5s；设定固定的冲击次数采集输出数据，测量电路集电极电流和集射极电压数值，进行相应的曲线绘制。

③ 实验结果及分析。实验进行大约 160000 次的大电流冲击之后，数据采集卡采集到的电压电流数据达到 64 组，在大电流冲击 10000 次的过程中，采集卡约采集 4 组数据。将采集到的集电极电流和集射极电压进行整理，绘制内部电阻 R_{on} 随冲击次数变化曲线图，如图 4.22 所示。

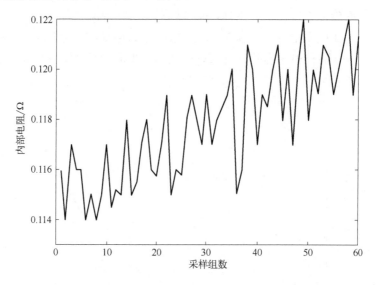

图 4.22　电阻 R_{on} 随冲击次数的变化

图 4.22 中描述了 R_{on} 随着冲击次数的变化，在冲击次数较少时，内部电阻的变化不是很明显，但随着冲击次数的增加，内部电阻值变化较为明显，表现为不断增大的规律，这与上文理论分析部分相吻合，在仿真实验过程可通过调节模块导通电阻值模拟系统开机前和停机后的性能状况。

4.3.4　剪断键合线退化实验

通过剪断键合线的方式加速 IGBT 的退化，等效模拟 IGBT 的累积退化过程，对不同退化程度进行数据的采集，实验参数辨识方法对系统辨识，获得表征系统退化特征参数向量，计算性能评价指标值，验证本节方法的正确性。

（1）实验平台搭建

实验设备（图 4.23）包括直流电源、电主轴、控制系统、润滑系统、冷却系统、激励信号发生器和速度检测传感器。高速电主轴控制系统的控制方式是矢量控制，电主轴的型号为 100MD24Z7.5，变频器内 IGBT（图 4.24）型号为BM64374S-VA。实验过程中的设备都是正常或者微小退化，将 IGBT 部分进行解封，进行剪断加速退化实验更加方便。

图 4.23　实验设备

图 4.24　IGBT 结构

（2）实验内容

实验选择的电源电压为 380V，激励信号发生器转化为转速的幅值范围是6900r/min 至 7100r/min，脉宽控制在 0 至 0.3。采集每次断一根的键合线需要采集器对发生信号和电主轴转速输出信号，也可对集电极电流和集射极电压进行采集。在实验完毕需要检测的数值为 5 组，分别为未剪断键合线、剪断 1~4 根键合线，对采集信号参数辨识获得特征参数向量，计算性能评价指标值。

（3）实验结果及分析

随着剪断键合线根数的增加，导通电阻值不断地增大，即导通电阻可表征IGBT 的退化程度。对采集到的未剪断键合线时驱动系统实际输入、输出数值进行归一化处理，获得图 4.25。

运用参数辨识方法，获得特征参数及预处理后实验输出与辨识输出拟合图。

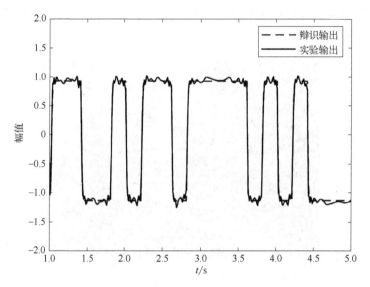

图 4.25　未剪断键合线时辨识仿真对比

剪断一根键合线时，采集系统的输入输出，对实验采集数据预处理，得到实验输出与辨识输出拟合曲线，如图 4.26 所示。

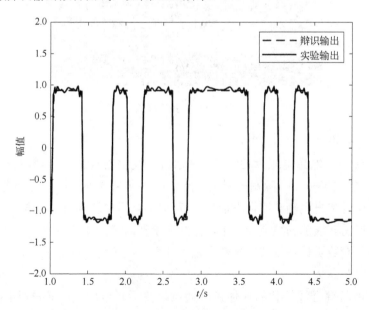

图 4.26　剪断一根键合线时辨识仿真对比

剪断两根键合线时，采集系统的输入输出，对实验采集数据预处理，运用参数辨识方法获得实验输出与辨识输出拟合曲线，如图 4.27 所示。

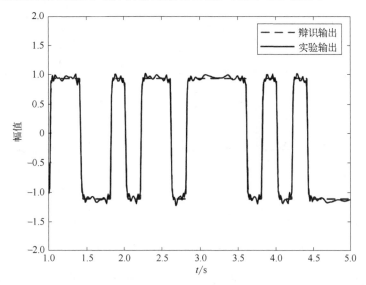

图 4.27 剪断两根键合线时辨识仿真对比

剪断三根键合线时，运用参数辨识方法，得到实验与辨识输出拟合图，如图 4.28 所示。

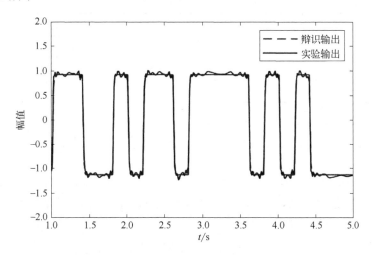

图 4.28 剪断三根键合线时辨识仿真对比

剪断四根键合线时，通过参数辨识方法得到实验输出与辨识输出拟合图，如图 4.29 所示。

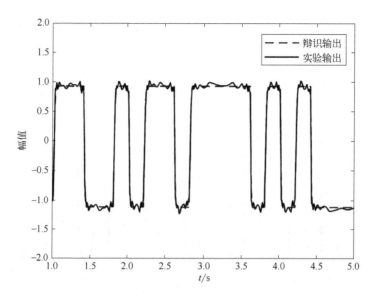

图 4.29　剪断四根键合线时辨识仿真对比

实验过程中，剪断一根至剪断四根键合线，每次通过采集卡采集到输入输出数据按照上述未剪断键合线的过程辨识出特征参数，每一步操作之后进行辨识，得到的系统特征参数如表 4.6 所示。

表 4.6　特征参数

键合线剪断情况	特征参数向量	a_1	a_2	b_1	b_2
未剪断	θ_{12}	−1.6312	0.6384	0.4266	−0.4192
剪断一根	θ_{13}	−1.6388	0.6459	0.4229	−0.4166
剪断两根	θ_{14}	−1.6438	0.6498	0.5346	−0.4164
剪断三根	θ_{15}	−1.7185	0.7241	0.3370	−0.3313
剪断四根	θ_{16}	−1.6390	0.5461	0.6243	−0.4171

a_1、a_2、b_1、b_2 是系统辨识出的参数，其隐含着系统的退化特征，按照本书的欧氏距离指标建立方法，计算特征参数向量之间欧氏距离，即性能评价指标值，映射到评价等级进行健康评价。

将表 4.6 中的特征参数向量分别与未剪断键合线（剪断键合线根数为零）时的向量进行距离求取，获得向量之间的距离，绘制柱状图如图 4.30 所示。

将图 4.30 按照归一化方法进行转化，将隐含退化量坐标值转化为系统健康状况百分比，其转化图如图 4.31 所示。

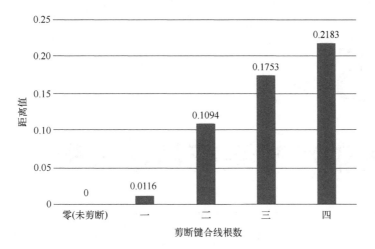

图 4.30　距离值随剪断键合线根数变化

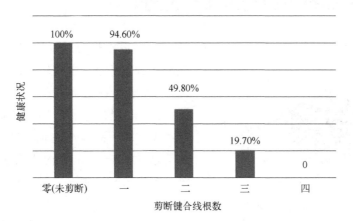

图 4.31　健康状况随剪断键合线根数变化

第 5 章

电主轴冷却系统特性分析

5.1 冷却系统结构及工作原理

电主轴冷却系统是利用其循环冷却特性，将冷却液通过冷却水套（图 5.1）

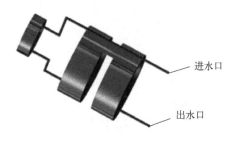

图 5.1 电主轴的冷却水套

强制冷却电主轴。电主轴冷却系统分为两种，内水套型冷却系统和外水套型冷却系统，设计时根据不同的加工方式选择合适的类型。对于高速电主轴系统，由于其生热量较大，一般采用内水套型的冷却系统，冷却水套设置在主轴体的内侧、定子的外部，结合电主轴冷却控制系统调整冷却液的输入，实现对温度的控制。冷却液输入到冷却系统后，不间断地对定子和轴承进行冷却，流出轴体后回到水箱，实现冷却液的循环利用。冷却系统的控制方式主要分为定温控制和差温控制两种，进行相关实验研究时需要考虑环境因素对主轴温升的影响，所以通常情况下采用差温控制，另外实验环境温度因素需要注意，进行电主轴系统的测温、热变形等相关实验时，环境温度一般要求保持在 20℃到 25℃之间。在大多数实验中，主要采用的冷却液是水，温度不宜过高或过低，过低时会导致水蒸气浓缩成雾，降低主轴电机的绝缘效果。如果实验时的电功率很高，还会造成实验人员的潜在人身安全。根据实验环境和实验室的具体情况，可通过调节入口冷却水温度等参数使电主轴的温度保持稳定，避免因热变形影响加工质量和精度。

5.2　电主轴生热及换热过程机理

电主轴热特性主要表现为电主轴的温升与热变形。电主轴的温度场表现了温度在时间和空间上的分布：$T=T(x,y,z,t)$。在一定的工作条件下，电主轴在内外热源的共同作用下会产生大量的热，这些产生的热量会传递到电主轴各个部分，使得各部分产生温升，各零部件由于温升导致热膨胀。各部分零部件由于材料、结构、形状和热惯性的不同，会发生不同程度的拉伸、弯曲、扭曲等变形，从而产生热变形，使加工部位发生相对位移，加工精度降低。本节以传热学基本理论为基础，分析电主轴的散热机制和生热机理，结合有限元，对流固耦合传热理论进行推导，为建立精确电主轴温度场预测模型提供理论基础。

5.2.1　电主轴损耗及生热分析

电主轴在高速切削的过程中，将电能转化为机械能，一部分机械能用于克服刀具切削工件的切削力、主轴轴系与空气的摩擦力、轴承的摩擦力等，一部分由电机产生热损耗，因此，电主轴加工时主要有三个热源：电机生热，轴承摩擦生热，切削生热。由于在切削时采用高压大流量的冷却方式对刀具切削区喷射冷却剂进行冷却，因此绝大多数的切削热被切削带走，电主轴内部受切削热的影响较小。在电主轴内部主要的发热源是电机和轴承，同时电主轴在一定的工作条件下受到环境温度等周围的辐射，电主轴处于内外热源的作用下，产生了不均匀的温度分布，本小节主要介绍电主轴内部电机和轴承的生热计算原理。

电机位于电主轴内部，这种内置式结构使得电机产生的热量无法有效地散出。电机将电能转化为机械能的过程中不可避免出现功率损耗，产生热量，这些热量通过热传递、热传导等方式在主轴内扩散，使主轴及其它部件的温度升高。电机是电主轴的主要热源之一，其发热程度对电主轴热特性有重要影响。电机的有效输入功率计算公式为：

$$P_{\mathrm{i}} = \sqrt{3}UI\cos\alpha \tag{5.1}$$

式中，P_{i} 为有效输入功率，W；U 为电压，V；I 表示电流，A；α 为相位角。

假设电机除做机械功以外的功率全部转化为热量，根据相关研究分析，电主轴在正常运转时，电机转子的发热量占电机总发热量的 1/3，电机定子发热量占总发热量的 2/3，电机功率损耗的方式有以下几种：

（1）铜损耗

铜损耗是由于电流流过电机的定子绕组和转子绕组时，绕组电阻的存在产生的，它的大小和流过的电流大小、绕组电阻有关。

这部分的能量损失计算公式为：

$$P_{cu} = I^2 R = I^2 \rho / S \tag{5.2}$$

式中，P_{cu} 代表铜损耗功率，W；I 是通过绕组的电流，A；ρ 是绕组电阻率，$\Omega \cdot m$；S 是绕组线圈的横截面积，m^2；R 是线圈绕组的电阻，Ω。

（2）铁损耗

铁损耗包括磁滞损耗和涡流损耗。磁通在电机铁芯里流过产生的热量，类似于导体通入电流发热，称为"磁滞损耗"。铁芯被电流磁化时吸收的能量，它的大小与铁芯的材料、电流、频率以及磁通密度有关，计算公式如下：

$$P_{h} = K_{h} f B_{max}^{n} \tag{5.3}$$

式中，P_{h} 代表磁滞损耗功率，W；K_{h} 代表与钢牌号相关的常数；B_{max} 代表最大磁通密度，T；n 代表经验常数，由材料种类及 B_{max} 值确定，当 $B_{max} < 1T$ 时，$n=1.6$，当 $B_{max} > 1T$ 时，$n=2$；f 代表磁场交换频率，Hz。

除此之外，由于变化的电流在铁芯内部产生变化的磁场，进而产生感应电流，引起铁芯内部的温升，这种损耗被称为"涡流损耗"。其计算公式为：

$$P_{e} = \frac{\pi^2 \delta^2 \left(f B_{max} \right)^2}{6 \rho r_{c}} \tag{5.4}$$

其中，P_{e} 表示涡流损耗功率，W；δ 表示硅钢片厚度，m；ρ 表示铁芯的电阻率，$\Omega \cdot m$；B_{max} 是最大磁通密度，T；f 是磁场变化频率，Hz；r_{c} 铁芯的密度，kg/m^3。

（3）机械损耗

机械损耗占到电机总损耗的20%。由于电机转子的转动空气阻力的存在而产生的损耗被称为转子摩擦损耗，取决于转速和转子表面的粗糙程度，与它同类型的还有轴承摩擦损耗，为转子和轴承支承点的摩擦损耗。转子摩擦损耗 P_{n} 计算公式如下：

$$P_{n} = C \pi \rho \omega^3 R^4 L \tag{5.5}$$

其中，L 表示转子长度，m；R 表示转子半径，m；ρ 表示空气密度，kg/m^3；ω 表示转子角速度，rad/s；C 表示摩擦系数，由经验或试验获得。

电主轴轴承的发热是由于摩擦产生的，包括轴承滚珠与内外圈摩擦和滚动体与润滑剂之间的摩擦生热，且随着转速的提高，轴承受到的载荷增大，生成的热量也随之增加，计算发热量 P 的公式如下：

$$P = 1.05 \times 10^4 Mn \qquad (5.6)$$

其中，M 是轴承的摩擦力矩，N·m；n 为主轴转速，rad/min。摩擦力矩由两部分组成，即黏性摩擦力矩 M_0 和载荷摩擦力矩 M_1，两部分的摩擦力矩计算方法如下：

$$M_0 = 10^{-7} f_0 \left(vn \right)^{2/3} d_{\mathrm{m}}^3, vn \geqslant 2000 \mathrm{r} / \min \qquad (5.7)$$

$$M_0 = 160 \times 10^{-7} f_0 d_{\mathrm{m}}^3, vn < 2000 \mathrm{r} / \min \qquad (5.8)$$

$$M_1 = f_1 P_1 d_{\mathrm{m}} \qquad (5.9)$$

式中，f_0 是轴承类型和润滑方式相关的常数；f_1 是轴承型号与所受载荷相关的常数，对角接触球轴承 $f_1 = 0.001$；v 是润滑剂的运动黏度；P_1 为由摩擦力矩 M_1 决定的计算载荷，mm^2/s；n 是轴承内圈的角速度；d_{m} 为轴承的平均直径。电主轴的转速越高，产生的热量也随之增多。

5.2.2 电主轴系统的换热机制

电主轴内部受到电机功率损耗和轴承的摩擦发热影响，由于电主轴各部分零件的材料、结构、接触属性不相同，因此热量的分布不均匀，难以直接求出电主轴内部的温度场分布。同时电主轴不仅受到内热源的影响，还受到环境温度等周围外在的辐射，所以电主轴的整个温度场是复杂多变的。为了更好地分析电主轴的热扩散特点，首先介绍热量的传递方式和规律。

热量的传递是从低温到高温的传递，只要有温差的存在，就会有热量的传递过程，热量的传递过程主要分为三类：热传导、热对流、热辐射，如图 5.2 所示。

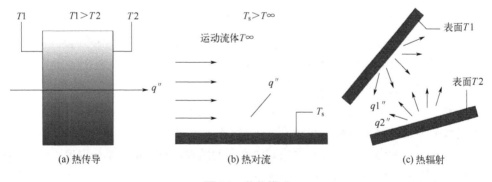

图 5.2 传热模式

（1）热传导

当物体各部分之间不发生宏观的相对位移时，依靠分子、原子及自由电子等微观粒子的热运动而进行的热量传递现象被称为热传导（导热）。发生的特点在于物体各部分不发生宏观位移，而是直接接触，只要存在温差，固体、液体、气体均会发生导热现象，是物体的固有属性。

导热过程的速率方程为：

$$\varphi = -\lambda A \frac{\mathrm{d}t}{\mathrm{d}x} \tag{5.10}$$

$$\frac{\varphi}{A} = q = -\lambda \frac{\mathrm{d}t}{\mathrm{d}x} \tag{5.11}$$

式中，φ 为热流量，W；q 是热流密度，W/m^2；λ 为热导率，表征材料导热性能优劣的热物性参数，W/(m·K)；A 为流体接触的壁面面积，单位为 m^2。负号说明热流的方向与温度升高的方向相反。

（2）热辐射

辐射是物体通过电磁波来传递热量的方式，而热辐射是物体由于热的原因向外发的辐射，热辐射表示物体之间以辐射的形式交换热量，这种传热方式不需要物体的直接接触，可以不要介质直接在真空中传递能量。发出辐射能是物体的固有属性。在热辐射的过程中伴随着能量的传递和转换。

黑体是一种特殊的理想物体，其辐射能力只与温度有关，吸收比为 1，具有最大的辐射能力。黑体的辐射力用斯忒潘-玻尔兹曼（Stefan-Boltzmann）定律表示：

$$E = \sigma T^4 \tag{5.12}$$

黑体发出的热辐射热量（热流量）为：

$$\varphi = A\sigma T^4 \tag{5.13}$$

其中，T 为黑体本身的热力学温度，K；σ 是斯忒潘-玻尔兹曼常数，也称为黑体辐射常数，其值为 5.67×10^{-8}W/(m^2·K^4)。

（3）热对流与对流传热

物体的宏观运动而引起的流体各部分之间发生相对位移，冷热流体相互掺混所导致的热量转移过程称为热对流，热对流仅能发生在流体中，是流体宏观运动引起的能量传递与流体中分子导热共同作用的结果。流体中各部分温度不同，必然伴有分子不规则热运动而传递的热量。

流体流过温度与之不同的固体壁面时流体与固体间的热量传递过程，称为对流传热，是工程上主要的传热方式，对流传热的基本计算式——牛顿冷却公式如下：

$$q = \varphi / A = h(t_\mathrm{w} - t_\mathrm{f}), \quad t_\mathrm{w} > t_\mathrm{f} \tag{5.14}$$

$$q = \varphi / A = h(t_f - t_w), \quad t_f > t_w \tag{5.15}$$

式中，A 为流体接触的壁面面积；h 为表面传热系数，$W/(m^2 \cdot K)$；t_f 为流体温度；t_w 为固体壁温度。

对流传热按流动起因分为强迫对流传热和自然对流传热，按是否相变分为相变对流传热和无相变对流传热。

① 转子端部与周围空气的对流传热。转子产生的热量有三个传递路径，一部分通过气隙传递给定子（由于定子通过冷却水进行了有效的冷却，虽然定子的产热量多于转子，但冷却后的温度比转子的温度低），再由定子的冷却水强制冷却；一部分传给与转子相接触的主轴，主轴又传递给轴承，属于固体间的热传导；其余部分通过转子端部高速旋转与空气进行对流传热，该部分的对流传热系数的计算公式如下：

$$h_1 = 28 \times \left(1 + \sqrt{0.45u_t}\right) \tag{5.16}$$

其中，h_1 表示转子端部和周围空气的传热系数，$W/(m^2 \cdot K)$；u_t 表示转子端部的轴向速度，m/s。

② 定子和冷却系统的对流传热。电主轴定子采用循环冷却水冷却的方式。在冷却水套里有螺旋状的凹槽，通过一定速度流动的冷却水通入冷却水口处进行冷却。定子和冷却水套间的传热过程属于强制对流传热过程，冷却水的流态不同，相应的传热系数也不同。故首先用雷诺数 Re 来判别流体在矩形螺旋凹槽的流态，再计算两者之间的对流传热系数。雷诺数 Re 是一个无量纲的量，其计算公式为：

$$Re_f = uD / v \tag{5.17}$$

式中，D 为几何特征的定型尺度，m；u 为流体的特征速度，m/s；v 是流体的运动黏度，m^2/s；f 表示用流体平均温度作为定型温度，用管径 D 作为定型尺度。

冷却水在冷却水套的截面为矩形的凹槽内流动，可展开为截面为矩形的等效长管，可由下式求出该矩形管的定型尺度 D_H：

$$D_H = \frac{4A}{U} \tag{5.18}$$

式中，A 为横截面积，m^2；U 为湿周，m。

不同流态的定子和冷却水之间的传热系数计算公式如下：

$$\text{层流：} \quad h_2 = 1.86 \times \left(Re_f Pr_f D / L\right) \times \lambda / D \tag{5.19}$$

$$\text{紊流：} \quad h_2 = 0.023 Re_f^{0.8} Pr_f^{0.4} \lambda / D \tag{5.20}$$

式中，h_2 是对流传热系数；Pr_f 为普朗多准数；L 为管道长度，m；λ 为冷却液的热导率，W/(m·K)。

③ 定转子与气隙之间的对流传热。当转子带动主轴高速旋转时，定转子间的空气流动为紊流状态，定子和转子会和气隙相互传递热量，这部分的传热系数计算公式为：

$$h_3 = \left[0.23(\delta / r)^{0.25} Re^{0.5} \lambda / L \right]^{0.25} \qquad (5.21)$$

式中，h_3 为定转子间气隙的对流传热系数，W/(m²·K)；δ 为定子和转子间气隙的厚度，m；r 为转子外圈半径，m；λ 为空气热导率，W/(m·K)；L 为气隙的长度，m。

④ 电主轴外壳与空气的传热。高速电主轴在实验室放置，在转动的过程中电主轴外壳被轴承和电机传递热量，具有一定的温度，整体温度比室温高，所以电主轴外壳和空气及实验周围的物体有传热和辐射过程，电主轴外壳受到自然对流传热和辐射的双重作用，其传热系数为：

$$h_4 = a_c + a_r \qquad (5.22)$$

式中，a_c 为对流传热系数，W/(m·K)；a_r 为辐射传热系数，W/(m·K)；根据文献[97]，取 h_4=9.7W/(m·K)。

电主轴各部分传热类型如图 5.3 所示。

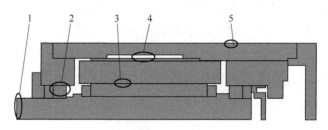

图 5.3　电主轴各部件传热类型

1—转轴端部与空气的对流传热；2—轴承与压缩空气的对流传热；3—电动机定子与冷却水的对流传热；

4—定转子与压缩空气的对流传热；5—电主轴外壳与空气的传热

5.2.3　电主轴温度场有限元基本方程

机理模型的建立以型号 150MD24Z7.5 的电主轴为研究对象，选择三维热结构耦合模型，使用擅长多场耦合的仿真软件 COMSOL 建立有限元模型，通过求解偏微分方程来求得电主轴的温度场。先对电主轴进行热分析，热分析用于计算一个系统的温度分布和其它热物理参数，如热流密度、温度等值线、热通量等，然后对其进行结构分析，得到电主轴的热变形。把转子、定子铁芯看成厚壁圆筒，轴承滚动体等效为一个圆环，其截面积与滚动体截面积相等，忽略内部零件的螺钉、通气孔、通油孔及一些细小结构，电主轴为轴对称结构。电主轴 COMSOL 有限元分析建模步骤如下：

① 用 CAD 软件绘制 1/4 电主轴简化模型，导入 COMSOL 软件中，模型如图 5.4（a）所示；

② 设置电主轴各零部件的材料属性，具体参数见表 5.1；

③ 自动划分几何网格，选择细化网格，网格分布如图 5.4（b）所示；

④ 选择固体传热耦合场，设置计算的边界条件；

⑤ 求解温度场和热变形场。

表 5.1 材料参数

部件	材料	泊松比	密度/(g/m³)	弹性模量/Pa	热导率/[W/(m·K)]	比热容/[J/(kg·K)]	热胀系数/K
水套	40Cr	0.277	7.850	$2.11×10^{11}$	150.0	434	10
转轴及外壳	40Cr	0.277	7.850	$2.11×10^{11}$	150.0	434	10
定子铁芯	硅钢	0.300	7.852	$2.00×10^{11}$	33.0	468	12
平衡环	45 钢	0.300	7.800	$1.26×10^{11}$	50.4	480	9

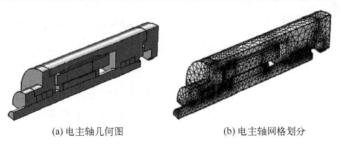

(a) 电主轴几何图   (b) 电主轴网格划分

图 5.4 电主轴有限元图

电主轴的初始条件设为：

① 环境温度为 18℃。

② 冷却水温为 18℃，流量为 10L/min。

③ 轴承润滑方式为油脂润滑。

④ 电主轴前端没有载荷。

电主轴边界的对流传热系数均采用经验公式得到，以电主轴 8000r/min 为例，由公式计算出电主轴的各个边界条件，如表 5.2 所示。

表 5.2　模型边界设置参数

边界条件	计算结果
定子生热量/W	236
转子生热量/W	120
前轴承生热量/W	110
后轴承生热量/W	105
转子端部与周围空气的对流传热系数/[W/(m² · K)]	99.05
定子和冷却系统的对流传热系数/[W/(m² · K)]	269
定转子和气隙的对流传热系数/[W/(m² · K)]	134.54
电主轴外壳和空气的传热系数/[W/(m² · K)]	9.7

在 COMSOL 有限元模型中设置边界条件，得到电主轴 8000r/min 的温度场云图如图 5.5 所示。从图中可以看出，主轴的温度分布明显不均，最高的温度在转子的轴心处，温度最高为 64.2℃，转子和转轴的温度基本相同，定子外围的温度最低，这是因为定子的产热较大，冷却水对其进行强制降温。电主轴中心处的转轴联合转子处的温度不易散发，导致温度增加，传导到轴头处进而产生热变形。电主轴前轴承更靠近转子且承受的载荷较多，因此相比于后轴承来说，温度分布更为明显。

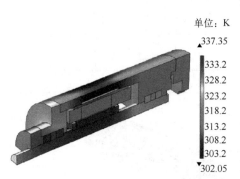

单位：K
337.35
333.2
328.2
323.2
318.2
313.2
308.2
303.2
302.05

图 5.5　8000r/min 的温度场云图

由上节可知，电主轴内部存在不均匀的温度分布，进而造成内部产生热位移（热变形）。电主轴热变形是热应力和温度的多物理场耦合，采用的方法为顺序热-结构耦合，采用的单元模块有固体力学和固体传热。电主轴热变形场在三维的云图如 5.6 所示。

从图 5.6 中可以得到，电主轴受热后在轴头会在 X、Y、Z 三个方向产生热变形，其中径向的热变形较小，轴向的热变形最大。

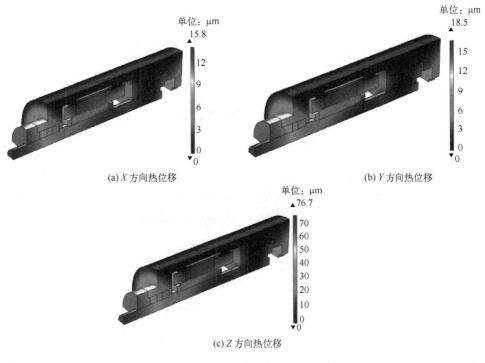

(a) X 方向热位移 　　　　 (b) Y 方向热位移

(c) Z 方向热位移

图 5.6　电主轴热变形仿真云图

5.3　冷却系统性能退化原因

冷却系统性能的退化存在于电主轴整个工作过程中，退化原因主要是冷却通道的堵塞，根据以往的实践经验，引起冷却通道堵塞的原因有以下几种。

① 电主轴在制造、安装的过程中，遗留在冷却通道的异物，例如：铁屑、堵头、颗粒等。

② 空气中的二氧化碳可能会溶于冷却液，导致冷却液的 pH 值降低，和冷却水套发生微小化学反应。长时间积累后，产生的氧化物会附着在冷却水套内壁，无法随冷却液一起流出，从而减小了冷却通道入口横截面积，导致冷却液的实际供给量小于所需供给量。

③ 由于其它原因形成气堵。

如图 5.7 所示为冷却通道堵塞示意图，d_2 表示正常状态下冷却通道的直径，d_1 表示冷却通道堵塞时的直径。

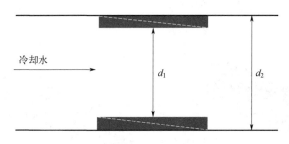

图 5.7　冷却通道堵塞示意图

冷却通道堵塞会造成冷却液的有效流通面积变小，最终造成输入系统的冷却液流量变小，可用堵塞系数的大小来表示电主轴冷却系统性能的退化程度，根据流体力学的相关知识和以往的研究经验，冷却通道堵塞系数的计算公式为：

$$k = \frac{S - S_1}{S} = \left(1 - \frac{S_1}{S}\right) \times 100\% \tag{5.23}$$

式中，S 表示冷却通道的流通面积；S_1 表示堵塞后的流通面积。

堵塞系数的升高导致系统的实际输入流量值降低，由于电主轴冷却通道的密闭性，没有有效的方法可以检测出冷却系统的实际流量值，要想进行电主轴冷却系统的性能评价研究，要找到可测的物理量，表示这种性能退化程度。文献[100]对电主轴冷却系统中的流体运动和温度分布进行模拟计算，得到不同冷却水流量下电主轴的温度分布是存在差异的。而冷却系统的最终目的就是降温，基于此，本书提出了利用电主轴的温度变化量来表征冷却系统性能的研究方式，结合相关数据分析方法，实现冷却系统的性能评价。

第 **6** 章

电主轴冷却系统性能退化评价研究

6.1 电主轴冷却系统性能退化实验

电主轴冷却系统为运行中的电主轴提供持续的循环冷却液，能否输入所需的冷却液流量决定了冷却系统的性能，而电主轴的冷却水套是密闭的，无法通过直接测量的方式得到冷却水套内部的实际流量情况。通过电主轴冷却系统机理模型的分析可知，冷却液的流量和电主轴温度间存在一定联系，冷却系统的性能状况可以由温度分布来体现。以此为依据，调节实验设备的性能参数，模拟出不同的性能状况，由电主轴的实际温度分布情况来反映冷却系统性能。

性能退化实验的目的是采集不同性能等级下的电主轴温度分布数据，结合相应的数据分析处理方法，建立出性能评价模型，要尽可能多地采集数据，保证模型的可靠性和准确率。实验的关键步骤是模拟性能退化的过程，对设备的性能要求很高，要保证电主轴冷却系统输出准确的流量，冷却通道没有堵塞。在此基础上，调整设备性能参数，逐步模拟出不同程度的性能退化情况。

6.1.1 温度测点的布置

经过对电主轴机理模型的分析，无法判断轴体上具体的温度的分布情况，为了更全面地了解其温度分布，在电主轴的轴体上均匀布置了 10 个温度测点，测点的位置分别距轴体后端的距离为 20mm、44mm、66mm、88mm、110mm、132mm、152mm、176mm、204mm、230mm。多测点也保证了数据的全面性，为后续建立准确的评价模型提供了保障。

6.1.2 性能等级的划分

目前没有从性能退化角度对电主轴冷却系统的研究。冷却系统的性能越好，电主轴的温升就越小，造成轴体的热变形量也越小，对加工精度的影响也就越小。冷却系统的性能是由加工工艺决定的，对于加工精度要求较高的电主轴，对冷却系统的要求就越高。从实验的角度出发，冷却系统输出的流量值越大，电主轴的温度就越稳定，冷却系统性能就越好。在划分电主轴冷却系统的性能等级时，要考虑实验设备的可调节流量范围。实验所用的 MCW-BC-01 型水冷机的可调节流量范围为 $0.3m^3/h$ 到 $0.5m^3/h$，将设备可输出的最大流量 $0.5m^3/h$ 定义为最佳性能等级。在此基础上，依次提高 10%的堵塞系数将电主轴冷却系统划分为 4 个性能等级，分别定义为优、良、中、差，具体的划分情况如表 6.1 所示。

表 6.1 冷却系统性能等级划分表

项目	性能等级			
	优	良	中	差
堵塞系数/%	0	10	20	30
流量值/（m^3/h）	0.50	0.45	0.40	0.35

6.1.3 实验数据的获取与处理

四个性能等级的实验数据如表 6.2～表 6.5 所示，N 表示转速，单位为 r/min；T 表示入口冷却水温度，单位为℃；T_1～T_{10} 为 10 个温度测点的温升值，单位为℃。

表 6.2 优性能等级实验数据

序号	N	T	T_1	T_2	T_3	T_4	T_5	T_6	T_7	T_8	T_9	T_{10}
1	8000	10	0.22	0.47	0.98	1.51	1.86	2.09	2.08	1.49	1.13	0.76
2	8000	11	1.53	1.81	2.24	2.66	3.04	3.18	3.01	2.52	2.04	1.87
3	8000	12	2.85	2.98	3.31	3.52	4.15	4.17	4.16	3.54	3.15	2.89
4	8000	13	3.83	4.09	4.40	4.97	5.28	5.23	5.19	4.72	4.33	3.97
5	12000	10	3.98	4.24	4.53	5.12	5.28	5.39	5.35	4.86	4.43	3.99
6	12000	11	5.18	5.46	5.89	6.20	6.53	6.57	6.57	6.90	4.67	5.26
7	12000	12	6.48	6.74	7.17	7.48	7.76	7.84	7.65	7.36	6.89	6.71
8	12000	13	7.66	7.76	8.21	8.46	8.81	8.88	8.85	8.46	8.12	7.78

续表

序号	N	T	T_1	T_2	T_3	T_4	T_5	T_6	T_7	T_8	T_9	T_{10}
9	15000	10	6.63	6.95	7.16	7.45	7.84	7.93	7.85	7.65	7.24	6.86
10	15000	11	7.78	8.05	8.36	8.73	9.06	9.16	9.00	8.74	8.40	8.08
11	15000	12	8.97	9.25	9.56	9.94	10.29	10.28	10.28	9.96	9.52	9.30
12	15000	13	10.15	10.42	10.87	11.17	11.27	11.60	11.47	11.24	10.92	10.54
13	18000	10	9.12	9.39	9.78	10.09	10.40	10.41	10.44	10.13	9.84	9.37
14	18000	11	9.29	9.51	9.94	10.23	10.72	10.62	10.51	11.29	9.96	9.64
15	18000	12	10.53	10.91	11.26	11.51	11.78	11.79	11.77	11.53	11.24	10.98
16	18000	13	11.85	12.09	12.43	12.73	13.02	13.09	12.08	12.75	12.46	12.17
17	20000	10	11.65	11.74	12.07	12.37	12.67	12.73	12.72	12.39	12.08	11.77
18	20000	11	12.45	12.96	13.25	13.54	13.80	14.01	13.93	13.54	13.30	13.03
19	20000	12	13.84	14.16	14.45	14.75	15.04	15.19	15.08	14.77	14.50	14.16
20	20000	13	15.04	15.16	15.66	15.92	16.35	16.31	16.28	15.94	15.67	15.35

表 6.3　良性能等级实验数据

序号	N	T	T_1	T_2	T_3	T_4	T_5	T_6	T_7	T_8	T_9	T_{10}
21	8000	10	1.53	1.75	2.28	2.82	3.17	3.40	3.34	2.83	2.40	2.05
22	8000	11	2.86	3.17	3.52	3.99	4.35	4.46	4.34	3.86	3.38	3.15
23	8000	12	4.09	4.31	4.64	4.87	5.42	5.49	5.47	4.85	4.43	4.20
24	8000	13	5.17	5.40	5.69	6.26	6.57	6.56	6.47	6.03	5.64	5.28
25	12000	10	5.29	5.56	5.81	6.40	6.57	6.68	6.67	6.18	5.75	5.27
26	12000	11	6.49	6.77	7.24	7.51	7.84	7.89	7.86	7.41	6.99	6.57
27	12000	12	7.79	8.06	8.45	8.76	9.09	9.17	8.97	8.68	8.25	7.98
28	12000	13	8.97	9.18	9.49	9.75	10.08	10.19	10.16	9.78	9.39	9.06
29	15000	10	7.90	8.18	8.45	8.76	9.17	9.22	9.16	8.98	8.52	8.17
30	15000	11	9.07	9.36	9.65	10.04	10.35	10.45	10.31	10.02	9.69	9.37
31	15000	12	10.24	10.54	10.84	11.20	11.51	11.58	11.57	11.23	10.81	10.60
32	15000	13	11.44	11.71	12.16	12.48	12.56	12.89	12.87	12.50	12.21	11.86
33	18000	10	10.41	10.68	11.07	11.37	11.68	11.70	11.73	11.41	11.12	10.76
34	18000	11	10.59	10.84	11.25	11.54	12.09	11.95	11.81	12.59	11.24	10.93
35	18000	12	11.82	12.20	12.57	12.82	13.17	13.08	13.06	12.81	12.55	12.24
36	18000	13	13.16	13.38	13.72	14.02	14.32	14.37	14.38	14.07	14.75	13.46
37	20000	10	12.97	13.05	13.39	13.67	13.97	14.02	14.01	13.68	13.39	13.08

序号	N	T	T_1	T_2	T_3	T_4	T_5	T_6	T_7	T_8	T_9	T_{10}
38	20000	11	13.76	14.26	14.57	14.84	15.08	15.30	15.22	14.83	14.61	14.31
39	20000	12	15.17	15.45	15.77	16.06	16.33	16.48	16.36	16.07	15.80	15.45
40	20000	13	16.35	16.57	16.95	17.23	17.54	17.69	17.57	17.25	16.96	16.66

表 6.4　中性能等级实验数据

序号	N	T	T_1	T_2	T_3	T_4	T_5	T_6	T_7	T_8	T_9	T_{10}
41	8000	10	2.81	3.04	3.61	4.17	4.49	4.74	4.65	4.17	3.64	3.35
42	8000	11	4.14	4.45	4.88	5.30	5.68	5.77	5.65	5.14	4.69	4.46
43	8000	12	5.37	5.61	5.97	6.24	6.74	6.81	6.72	6.23	5.74	5.53
44	8000	13	6.45	6.73	7.00	7.54	7.86	7.87	7.79	7.31	6.95	6.64
45	12000	10	6.61	6.87	7.14	7.67	7.89	8.06	7.98	7.47	7.06	6.69
46	12000	11	7.78	8.06	8.57	8.82	9.16	9.21	9.18	8.69	8.28	7.89
47	12000	12	9.08	9.35	9.77	10.04	10.37	10.46	10.28	9.97	9.54	9.28
48	12000	13	10.24	10.49	10.78	11.04	11.38	11.48	11.40	11.09	10.68	10.35
49	15000	10	9.21	9.47	9.74	10.07	10.45	10.53	10.45	10.18	9.81	9.46
50	15000	11	10.38	10.65	10.97	11.33	11.65	11.74	11.66	11.34	10.98	10.68
51	15000	12	11.53	11.82	12.16	12.51	12.82	12.89	12.86	12.62	12.19	11.94
52	15000	13	12.73	12.98	13.45	13.77	13.98	14.12	14.08	13.79	13.49	13.17
53	18000	10	11.68	11.97	12.38	12.66	12.99	13.01	13.02	12.69	12.40	12.05
54	18000	11	11.87	12.13	12.54	12.84	13.34	13.20	13.19	13.88	12.53	12.22
55	18000	12	13.22	13.49	13.88	14.13	14.46	14.37	14.35	14.16	13.84	13.54
56	18000	13	14.45	14.67	15.01	15.32	15.58	15.65	15.67	15.35	15.04	14.75
57	20000	10	14.06	14.34	14.67	14.98	15.25	15.31	15.29	14.97	14.68	14.37
58	20000	11	15.15	15.52	15.87	16.18	16.38	16.59	16.51	16.18	15.91	15.62
59	20000	12	16.46	16.74	17.08	17.37	17.64	17.75	17.67	17.38	17.09	16.74
60	20000	13	17.65	17.86	18.24	18.54	18.83	18.89	18.87	18.55	18.24	17.94

表 6.5　差性能等级实验数据

序号	N	T	T_1	T_2	T_3	T_4	T_5	T_6	T_7	T_8	T_9	T_{10}
61	8000	10	4.09	4.38	4.94	5.51	5.80	6.05	5.96	5.42	4.98	4.64
62	8000	11	5.48	5.76	6.17	6.64	6.99	7.05	6.97	6.46	6.01	5.77
63	8000	12	6.68	6.96	7.25	7.76	8.07	8.13	8.02	7.54	7.17	6.85
64	8000	13	7.76	8.04	8.31	8.85	9.14	9.18	9.10	8.62	8.27	7.96

序号	N	T	T_1	T_2	T_3	T_4	T_5	T_6	T_7	T_8	T_9	T_{10}
65	12000	10	7.90	8.18	8.47	8.96	9.28	9.34	9.30	8.79	8.34	8.01
66	12000	11	9.08	9.37	9.85	10.16	10.45	10.53	10.47	9.98	9.57	9.26
67	12000	12	10.39	10.68	11.06	11.34	11.65	11.72	11.67	11.24	10.86	10.57
68	12000	13	11.49	11.87	12.08	12.32	12.71	12.79	12.73	12.37	11.97	11.66
69	15000	10	10.49	10.78	11.06	11.38	11.76	11.81	11.78	11.47	11.09	10.75
70	15000	11	11.69	11.93	12.28	12.62	12.94	13.02	12.97	12.66	12.27	11.98
71	15000	12	12.82	13.11	13.45	13.80	14.12	14.19	14.13	13.81	13.49	13.21
72	15000	13	14.02	14.30	14.74	15.06	15.31	15.40	15.39	15.08	14.77	14.46
73	18000	10	12.99	13.24	13.67	13.98	14.28	14.32	14.30	13.98	13.67	13.36
74	18000	11	13.14	13.42	13.83	14.18	14.47	14.51	14.48	14.17	13.82	13.51
75	18000	12	14.50	14.78	15.13	15.44	15.74	15.78	15.76	15.45	15.16	14.84
76	18000	13	15.76	15.97	16.32	16.61	16.91	16.97	16.95	16.66	16.36	16.05
77	20000	10	15.35	15.63	15.98	16.27	16.56	16.62	16.58	16.26	15.97	15.66
78	20000	11	16.54	16.84	17.17	17.47	17.77	17.85	17.80	17.49	17.20	16.91
79	20000	12	17.77	18.04	18.37	18.66	18.95	19.04	18.98	18.67	18.38	18.07
80	20000	13	18.93	19.17	19.53	19.82	20.12	20.18	20.15	19.84	19.53	19.24

实验结果显示，在转速和入口冷却水温度一定时，电主轴的温升值随着冷却液流量的减少而变大，且变化值存在明显的差异。随着转速的增加，电主轴的温升在不断提高，初始冷却水温度升高也会使温升值变大，转速和冷却水初始温度同样对实验结果有一定的影响，所以在后续建立性能评价模型时，要把这两个因素考虑进去。轴体中间位置的温度测点温升值高于两侧温度测点，电主轴的温度分布并不均匀，也说明了布置多温度测点的必要性。

6.2　基于偏最小二乘法的冷却系统性能评价

偏最小二乘法可以解决变量间具有多重相关性的多变量问题，在生物化学、航空航天、化学工业等领域取得了广泛的使用，被誉为"第二代回归方法"。偏最小二乘法是一种多自变量对因变量的数据建模方法，可以对样本数据的奇异点进行诊断，分析自变量和因变量之间的关系，预测因变量的结果。通过电主轴冷却系统性能退化实验，得到了 4 个性能等级共 80 组不同实验条件下的温度分布数据，数据的特点比较符合偏最小二乘法，并且偏最小二乘法的辅助分析功能可以找到对因变量解释能力较大的自变量，为后续的研究提供依据。将 10 个温度测点温升数据和所对应的实验条件作为自变量，冷却系统性能等级参数作为因变量，通过模型的预测结果来判定电主轴冷却系统的性能等级。随机选取其中 60 组数据用来训练偏最小二乘性能预测模型，剩余 20 组数据作为验证集检验模型的准确性。

6.2.1 偏最小二乘回归建模流程

偏最小二乘回归建模方法（偏最小二乘法）结合了主成分分析、多元线性回归和典型相关分析的特点，在建模时，首先确定自变量的最佳主成分个数，基本原则是提取的主成分可以尽可能多地保留自变量系统中的信息，又能够解释自变量和因变量之间的关系。这种方法不仅完成了数据降维的工作，也解决了自变量间具有多重相关性的回归建模问题。

假设因变量的个数为 q，自变量的个数为 p，数据样本的总数为 n。将自变量定义为 $\{x_1, x_2, \cdots, x_p\}$，因变量定义为 $\{y_1, y_2, \cdots, y_q\}$，则自变量矩阵为 $\boldsymbol{X}=(x_{ij})_{n \times p}$，因变量矩阵为 $\boldsymbol{Y}=(y_{ij})_{n \times q}$，具体步骤如下。

（1）数据预处理

将所有数据进行数据预处理，样本数据预处理可以消除因量纲不同而产生的误差，经预处理的数据不会改变样本分布规律，同时将数据缩放到指定范围内，这样就可以实现将不同量纲或数量级的数据放在一起进行分析处理。

数据归一化所要实现的就是将分布复杂的数据运算后，得到映射到区间[0,1]的数据分布，归一化的好处是加快梯度迭代速度和求解精度，使得各数据不同变量对最终函数的影响权值具有一致性，从而防止数据信息特征识别时被特征值大的数据量所主导。自变量的归一化计算公式为：

$$x = \frac{x_{ij} - x_{\min}}{x_{\max} - x_{\min}} \tag{6.1}$$

式中，x 为归一化处理后的数据；x_{ij} 为待归一化的数据；$x_{\min}$ 和 $x_{\max}$ 分别为最小值和最大值。

（2）第一主成分提取

将数据归一化处理后的自变量矩阵和因变量矩阵分别定义为 $\boldsymbol{E}_0$、$\boldsymbol{F}_0$，分别提取第一主成分记作 $\boldsymbol{t}_1$ 和 $\boldsymbol{u}_1$，$\boldsymbol{t}_1$ 和 $\boldsymbol{u}_1$ 要尽可能多地包含原矩阵的信息，所以它们的方差应尽可能大。同时要保证 $\boldsymbol{t}_1$ 要对 $\boldsymbol{u}_1$ 有最大程度的解释能力，所以它们之间的相关程度也要最大化，所以协方差值要最大，即：

$$\text{cov}(\boldsymbol{t}_1, \boldsymbol{u}_1) = \sqrt{\text{var}(\boldsymbol{t}_1)\text{var}(\boldsymbol{u}_1)} \, r(\boldsymbol{t}_1, \boldsymbol{u}_1) \rightarrow \max \tag{6.2}$$

式中，$r(t_1, u_1)$ 表示 t_1、u_1 之间的相关系数。

设 w_1 是 E_0 最大特征值所对应的单位特征向量，c_1 是 F_0 的最大特征值所对应的单位特征向量。由于数据经过了归一化处理，可用内积来计算第一主成分之间的协方差，问题可以转化为求 $E_0 w_1$ 和 $F_0 c_1$ 之间的内积最大值 s，利用拉格朗日变换，得到下式：

$$s = w_1^{\mathrm{T}} E_0^{\mathrm{T}} c_1 - \lambda_1 \left(w_1^{\mathrm{T}} w_1 - 1 \right) - \lambda_2 \left(c_1^{\mathrm{T}} c_1 - 1 \right) \tag{6.3}$$

上述公式中，λ 表示拉格朗日因子。要想取得 s 的最大值，就要分别对 λ_1、λ_2、w_1 和 c_1 求偏导：

$$\frac{\partial s}{\partial \lambda_1} = -\left(w_1^{\mathrm{T}} w_1 - 1 \right) = 0 \tag{6.4}$$

$$\frac{\partial s}{\partial \lambda_2} = -\left(c_1^{\mathrm{T}} c_1 - 1 \right) = 0 \tag{6.5}$$

$$\frac{\partial s}{\partial w_1} = E_0 F_0 c_1 - 2\lambda w_1 = 0 \tag{6.6}$$

$$\frac{\partial s}{\partial c_1} = F_0^{\mathrm{T}} E_0 w_1 - 2\lambda c_1 = 0 \tag{6.7}$$

由式（6.5）可以得到：

$$2\lambda_1 = 2\lambda_2 = w_1^{\mathrm{T}} E_0^{\mathrm{T}} F_0 c_1 = \langle E_0 w_1, F_0 c_1 \rangle \tag{6.8}$$

上式结果表示它们之间的内积，将式（6.8）的结果记作 θ，可以得到：

$$E_0^{\mathrm{T}} F_0 c_1 = \theta w_1 \tag{6.9}$$

$$F_0^{\mathrm{T}} E_0 w_1 = \theta c_1 \tag{6.10}$$

根据上述两式可得：

$$E_0^{\mathrm{T}} F_0 F_0^{\mathrm{T}} E_0 w_1 = \theta^2 w_1 \tag{6.11}$$

$$F_0^{\mathrm{T}} E_0 E_0^{\mathrm{T}} F_0 c_1 = \theta^2 c_1 \tag{6.12}$$

上述公式可以得到矩阵 $E_0^{\mathrm{T}} F_0 F_0^{\mathrm{T}} E_0$ 的最大特征值为 θ^2，所对应的特征向量为 w_1，同理可得到矩阵 $F_0^{\mathrm{T}} E_0 E_0^{\mathrm{T}} F_0$ 最大特征值对应的特征向量为 c_1。则主成分的求取公式为：

$$t_1 = E_0 w_1, u_1 = F_0 c_1 \tag{6.13}$$

求取自变量和因变量矩阵关于 t_1 和 u_1 的回归方程：

$$E_0 = t_1 p_1 + E_1, F_0 = t_1 r_1 + F_1 \tag{6.14}$$

这里，E_1 和 F_1 表示回归方程对应的残差矩阵，p_1 和 r_1 分别为对应的回归系数向量。

（3）回归方程拟合

求取了第一个主成分后，要接着求取后续的主成分，利用上一主成分的残差矩阵作为下一主成分的系数矩阵，第二主成分的回归方程为：

$$E_1 = t_2 p_2 + E_2, F_1 = t_2 r_2 + F_2 \tag{6.15}$$

按照这种方法循环计算，一共可以求取 A 个主成分，A 是矩阵 E_0 的秩，各变量的递推计算公式如下：

$$w_i = \frac{E_{i-1}^{\mathrm{T}} u_i}{\left\| E_{i-1}^{\mathrm{T}} F_{i-1} \right\|}, c_i = \frac{F_{i-1}^{\mathrm{T}} t_i}{\left\| E_{i-1}^{\mathrm{T}} F_{i-1} \right\|} \tag{6.16}$$

$$t_i = E_{i-1} w_i, u_i = F_{i-1} c_i \tag{6.17}$$

$$p_i = \frac{E_{i-1}^{\mathrm{T}} t_i}{t_i^{\mathrm{T}} t_i}, r_i = \frac{F_{i-1}^{\mathrm{T}}}{t_i^{\mathrm{T}} t_i} \tag{6.18}$$

最后得到回归方程：

$$E_0 = t_1 p_1^{\mathrm{T}} + \cdots + t_A p_A^{\mathrm{T}} \tag{6.19}$$

$$F_0 = t_1 r_1^{\mathrm{T}} + \cdots + t_A r_A^{\mathrm{T}} + F_A \tag{6.20}$$

最终结果可以写成下面的形式：

$$Y = \alpha_{k1} x_1 + \cdots + \alpha_{kp} x_p + F_{Ak} \tag{6.21}$$

式中，Y 代表原因变量的矩阵；$x_1 \sim x_p$ 代表原自变量；$\alpha_{k1} \sim \alpha_{kp}$ 代表特征向量矩阵；F_{Ak} 代表残差矩阵。

（4）最佳主成分个数确定

如果将上述步骤进行完，提取了所有的主成分，不仅建模的过程更加繁琐，而且提取了足够反映整体变量的主成分后，后面再进行这项工作是无效的。从以往的偏最小二乘建模经验可知，所提取的第一主成分携带了数据样本的最大信息，是最重要的主成分，在后续的主成分提取中，随着主成分个数的增加，其重要程度逐渐减小。如果提取了过多的无效成分，不仅对解释原有变量毫无意义，而且会影响偏最小二乘模型的精度，应当舍弃无效成分。在建模过程中，过多或过少地选取主成分个数会使偏最小二乘模型产生过拟合或欠拟合的现象。如果提取的主成分过少，不能够包含样本数据的大部分信息，所建立的模型精度会降低，这种提取主成分过少的情况称为欠拟合；如果提取的主成分大于建模所需的主成分个数，在建模的过程中会将一部分无用信息代入模型，也会降低预测结果的准确率，此种提取主成分过多的情况称为过拟合。为了避免欠拟合和过拟合，选取合适的主成分个数是非常必要的。

目前最有效的主成分个数提取法是"舍一交叉验证法"，也是应用最广泛的方法。基本原理是在所建立的偏最小二乘模型增加一个主成分后，观察模型是否能够提高拟合精度和预测精度。具体的操作步骤为：去除第 i 组数据样本点，利用其余数据样本点提取其中的前 h 个主成分建立偏最小二乘模型；将所去除的第 i 组数据样本代入已经建立好的偏最小二乘模型，得到因变量 y_j 在第 i 组数据样本上的偏最小二乘回归预测值 $y_{hj(-i)}$。对每一个组都进行上述操作，则可将因变量偏最小二乘预测结果的误差平方和定义为 $PRESS_{hj}$，计算公式为：

$$PRESS_{hj} = \sum_{i=1}^{n} \left(y_{ij} - y_{hj(-i)} \right)^2 \tag{6.22}$$

则因变量集合 $\boldsymbol{Y}$ 的偏最小二乘预测误差平方和为 $PRESS_h$，计算公式为：

$$PRESS_h = \sum_{j=1}^{p} PRESS_{hj} \tag{6.23}$$

每增加一个主成分后，进行一次 $PRESS_h$ 值的计算。当选取的主成分个数没有达到最佳个数时，偏最小二乘回归方程不稳定，数据样本点会出现异常变动，随着这种扰动的出现，$PRESS_h$ 值会不断增大。所以 $PRESS_h$ 值可以作为衡量偏最小二乘模型准确性的标准，$PRESS_h$ 的值越小，所建立的模型精度越高，选取的最佳主成分个数应为 $PRESS_h$ 值最小时提取的主成分个数。

除了上述建模步骤，偏最小二乘模型还具备辅助分析功能，包括精度分析、相关性分析和变量投影重要性指标分析。整个偏最小二乘回归建模的流程如图 6.1 所示。

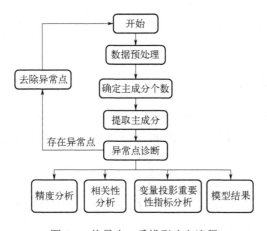

图 6.1　偏最小二乘模型建立流程

6.2.2　自变量多重相关性分析

表 6.6 所示为训练集数据的自变量相关系数，其中 N 表示转速，T 表示入口冷却水温度，$T_1 \sim T_{10}$ 表示 10 个温度测点的温升值。

表 6.6　自变量相关系数

相关系数	N	T	T_1	T_2	T_3	T_4	T_5	T_6	T_7	T_8	T_9	T_{10}
N	1	0.01	0.89	0.89	0.89	0.89	0.89	0.89	0.89	0.91	0.90	0.90
T		1	0.28	0.27	0.28	0.27	0.26	0.28	0.26	0.27	0.27	0.27
T_1			1	0.99	0.99	0.99	0.99	0.99	0.98	0.98	0.98	0.99
T_2				1	0.97	0.99	0.97	0.97	0.97	0.99	0.98	0.98
T_3					1	0.99	0.98	0.99	0.99	0.98	0.98	0.99
T_4						1	0.99	0.99	0.99	0.99	0.99	0.99
T_5							1	0.99	0.99	0.99	0.99	0.98
T_6								1	0.99	0.99	0.99	0.99
T_7									1	0.99	0.99	0.99
T_8										1	0.99	0.99
T_9											1	0.99
T_{10}												1

从表 6.6 可以看出，自变量间的相关系数越大，多重相关性关系就越明显，偏最小二乘模型的自变量间存在着明显的相关关系。不同温度测点间的数据比较相似，存在着重复信息，相关性达到了 99%。转速 N 和入口冷却水温度 T 之间的相关性最小。

6.2.3　数据奇异点诊断

根据以往的研究经验，数据样本中的奇异点可以通过贡献率发现，设 T_{hi}^2 为第 i 个样本点对主成分 t_h 的贡献率，s_h^2 是主成分 t_h 的方差，则 T_{hi}^2 的计算公式为：

$$T_{hi}^2 = \frac{t_{hi}^2}{(n-1)s_h^2} \qquad (6.24)$$

式中，t_{hi} 表示第 i 个主成分。

可以根据 T_{hi}^2 的计算公式可依次计算出样本点 i 对主成分 $t_1, t_2, \cdots, t_m$ 的贡献率，累计贡献率如下：

$$T_i^2 = \frac{1}{n-1} \sum_{h=1}^{m} \frac{t_{hi}^2}{s_h^2} \qquad (6.25)$$

大多数情况下，累计贡献率的值不宜过大。一个样本点如果对主成分的贡献率过大，会加大发生分析偏差的概率，其中：

$$\frac{n^2(n-m)}{m(n^2-1)} T_i^2 \sim F(m, n-m) \qquad (6.26)$$

当贡献率满足下式条件时：

$$T_i^2 \geq \frac{m(n^2-1)}{n^2(n-m)} F_{0.05}(m, n-m) \qquad (6.27)$$

可以判定样本数据点 i 对主成分 $t_1, t_2, \cdots, t_m$ 的贡献率过高，样本点 i 为偏最小二乘建模中的奇异点。

特别当 $m=2$ 时，这个判别条件为：

$$\frac{t_{1i}^2}{s_1^2} + \frac{t_{2i}^2}{s_2^2} \geq \frac{2(n-1)(n^2-1)}{n^2(n-2)} F_{0.05}(2, n-2) \qquad (6.28)$$

记

$$c = \frac{2(n-1)(n^2-1)}{n^2(n-2)} F_{0.05}(2, n-2) \qquad (6.29)$$

则有

$$\frac{t_{1i}^2}{s_1^2} + \frac{t_{2i}^2}{s_2^2} = c \qquad (6.30)$$

上式的数学公式可以看成是二维空间内的一个椭圆，可以在主成分分值的二维平面内画出这个图形，在这个椭圆图形内的样本点是正常的建模数据点，椭圆外的点是奇异点。如果所有的样本数据点都在这个椭圆形区域内，则所有的数据样本点分布是均匀的；如果有样本数据点落在椭圆形区域之外，则这些样本数据点是奇异点，需要将奇异点去除后重新建立偏最小二乘模型。

提取了自变量数据的前 2 个主成分，得到主成分分值和椭圆判据如图 6.2 所示。

从主成分分值图可以看出，样本点均在椭圆内，不存在奇异点，所有的样本点均可用于偏最小二乘的模型建立中。

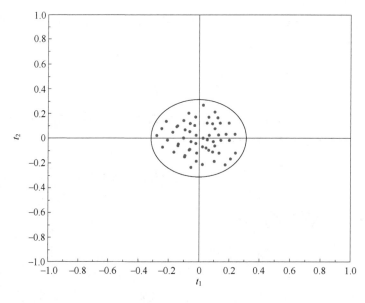

图 6.2   主成分分值图

6.2.4   评价模型分析

（1）相关关系分析

判定自变量和因变量之间是否存在一定的相关关系，最常用的办法是将自变量集合 X 和因变量集合 Y 的数据样本点放在二维平面直角坐标系中，进一步观察二者之间的相关关系。由于第一主成分包含了原始数据最大百分比的信息，将自变量第一主成分 t_1 与因变量第一主成分 u_1 放在二维坐标系中，画出每一个组二维数据点的位置。通过观察，如果二者之间存在一定的线性关系，则说明自变量集合和因变量集合间存在一定的相关关系，所建立的偏最小二乘模型的有效性也越高。

从图 6.3 中可以看出，自变量的第一主成分和因变量的第一主成分间存在着一定的线性关系，所以采用偏最小二乘法建模是可行的。

（2）最佳主成分个数

根据 6.2.1 中的确定最佳主成分个数方法，计算出各主成分的 $PRESS_h$ 值如图 6.4 所示，从图中可以看出，当主成分个数为 7 时，$PRESS_h$ 值最小，所以提取的最佳主成分个数为 7。

（3）精度分析

在偏最小二乘回归建模过程中，提取自变量主成分 t_h 是基础，一方面它要尽可能多地包含原始自变量的信息，另一方面还要与因变量关联，解释因变量的信息。为了检测自变量主成分 t_h 的信息解释能力，将各种解释能力值定义如下。

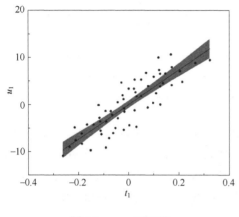

图 6.3　t_1-u_1 平面图

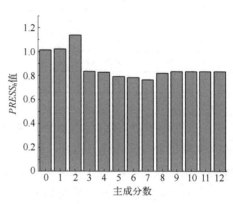

图 6.4　主成分 $PRESS_h$ 值

① t_h 对 X 的解释能力：

$$\text{Rd}(X;t_h) = \frac{1}{p}\sum_{j=1}^{p}\text{Rd}(x_j;t_h) \tag{6.31}$$

② $t_1, t_2, \cdots, t_m$ 对 X 的累计解释能力：

$$\text{Rd}(X;t_1,t_2,\cdots,t_m) = \sum_{h=1}^{m}\text{Rd}(X;t_h) \tag{6.32}$$

③ t_h 对 Y 的解释能力：

$$\text{Rd}(Y;t_h) = \frac{1}{q}\sum_{k=1}^{q}\text{Rd}(y_k;t_h) \tag{6.33}$$

④ $t_1, t_2, \cdots, t_m$ 对 Y 的累计解释能力：

$$\text{Rd}(Y;t_1,t_2,\cdots,t_m) = \sum_{h=1}^{m}\text{Rd}(Y;t_h) \tag{6.34}$$

计算各主成分对变量的解释能力如表 6.7 所示。

表 6.7　解释能力表　　　　　　　　　　　　　　　　　　　　　　%

主成分	对 X 的解释能力	对 X 的累计解释能力	对 Y 的解释能力	对 Y 的累计解释能力
t_1	90.660	90.66	62.40	62.40
t_2	2.650	93.32	15.16	77.56

主成分	对 X 的解释能力	对 X 的累计解释能力	对 Y 的解释能力	对 Y 的累计解释能力
t_3	6.620	99.95	13.57	91.13
t_4	0.007	99.96	2.65	93.78
t_5	0.014	99.97	2.46	96.25
t_6	0.009	99.98	1.78	97.04
t_7	0.006	99.99	1.39	98.43

由表 6.7 所示数据可知，自变量第一主成分 t_1 包含了原自变量 90.66% 的信息，对自变量集合的解释能力很强，有极好的代表性，并且 t_1 对于因变量集合的解释能力占比也最高，达到了 62.4%，第一主成分 t_1 对整个模型的贡献率最大；第二个成分 t_2 对自变量 X 的解释能力虽然只有 2.65%，但其对 Y 的解释能力占有 15%，所以对整个模型的贡献率也很大。由此可见，第一主成分是模型中最重要的一环，随着数量增加，解释能力的叠加也逐渐变小。根据 $PRESS_h$ 值结果，电主轴冷却系统的偏最小二乘性能评价模型提取了前 7 个主成分，包含了自变量超过 99.99% 的信息，对于因变量的解释能力也达到了 98.43%。

（4）变量投影重要性指标分析

变量投影重要性指标又称为 VIP 指标，可以分析每一个自变量对因变量的解释能力，设自变量 x_j 对因变量的解释的能力为 VIP_j，计算公式为：

$$VIP_j = \sqrt{\frac{p}{\mathrm{Rd}(Y;t_1,t_2,\cdots,t_m)}\sum_{h=1}^{m}\mathrm{Rd}(Y;t_h)w_{hj}^2} \qquad (6.35)$$

这里，w_{hj} 是 w_h 轴的第 j 个分量。自变量 t_h 对因变量的解释能力很大时，w_h^2 的取值就会变大，VIP_j 的计算结果也会变大，这时，自变量 x_j 对因变量 Y 有着重要的解释作用。对于每一个 x_j，若对因变量的重要性相同，则所有的 VIP_j 值均为 1，x_j 的 VIP_j 值越大，对因变量的解释效果就越好，经过计算得到各个自变量的 VIP 值的对比如图 6.5 所示，具体数值如表 6.8 所示。

表 6.8　VIP 值

项目	N	T	T_1	T_2	T_3	T_4
VIP 值	2.5666	1.7119	0.4576	0.4532	0.4415	0.4579
项目	T_5	T_6	T_7	T_8	T_9	T_{10}
VIP 值	0.4679	0.7424	0.7655	0.7716	0.5598	0.4358

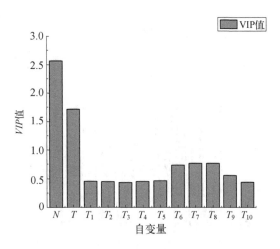

图 6.5 *VIP* 值的对比

从表 6.8 可以看出，对整体因变量影响较大的自变量是转速 N 和入口冷却水温度 T，其余自变量中，第 6、7、8 温度测点对因变量的解释能力较强，其它温度测点对因变量的解释能力较弱。

（5）偏最小二乘性能评价模型表达式

最终的偏最小二乘性能评价模型的表达式如下所示：

$$Y = 0.001x_1 + 0.042x_2 + 0.025x_3 + 0.013x_4 - 0.034x_5 - 0.056x_6 - 0.065x_7$$
$$+ 0.152x_8 + 0.014x_9 - 0.032x_{10} - 0.036x_{11} - 0.018x_{12} - 0.212 \quad （6.36）$$

回归系数图如图 6.6 所示。

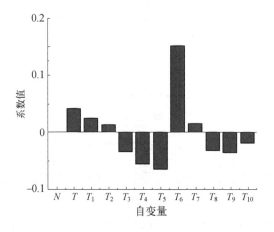

图 6.6 回归系数值

随机选取了 60 组数据作为训练集建立了电主轴冷却系统偏最小二乘性能评

价模型，训练集的拟合结果如图 6.7 所示。

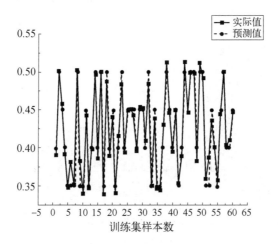

图 6.7　训练集数据拟合结果

为了验证偏最小二乘性能预测模型的准确性，将剩余的 20 组数据依次代入偏最小二乘表达式中，所得的结果如图 6.8 所示。

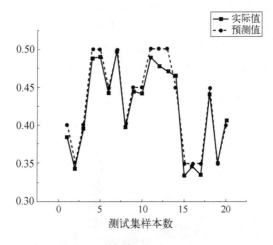

图 6.8　测试集数据结果对比

根据测试集结果对比，最大的误差值为 0.021，出现在第 13 个测试样本，最小误差值为 0.002。偏最小二乘性能评价模型不需要考虑电主轴的生热机理和传热机制，通过电主轴运行数据来建模，模型的精确程度取决于实验数据的准确性，模型误差可能是由测量误差所导致的。测试集结果的误差值很小，预测值和实际值的相关系数超过了 90%，可按照性能参数的就近原则划分性能等级。

综上所述，所建立的偏最小二乘性能评价模型准确率很高，可以有效完成电主轴冷却系统的性能评价。

6.3　基于 Fisher 判别的冷却系统性能评价

根据电主轴生热原理和传热机制，无法判断轴体的温度分布情况，所以在进行测温实验时，在电主轴轴体上布置了多个温度测点。实际上，大多数实验室和加工中心在进行电主轴的测温实验时，很难做到布置多个温度测点，从经济性角度分析，多个测温传感器的实验器材成本和设备定期监测的运行成本都很高。因此有必要简化电主轴冷却系统的性能监测方式，用更少的数据完成性能监测。在上述背景下，本节选取了对性能评价结果解释能力较强的性能评价数据，简化了性能监测方式，建立了基于 Fisher 判别的性能评价模型。

6.3.1　Fisher 判别性能评价方法

判别分析是判别数据样本所属类别的一种有监督学习分析方法，也是一种根据所观测到的某些指标对所研究对象进行分类的一种多元统计学方法，在经济学、医学、生物科学等领域有着广泛的应用。判别分析方法主要有三种，分别为距离判别法、Fisher 判别法和贝叶斯判别法。距离判别法虽然流程简单，但是准确率低；贝叶斯判别法的误判概率最小，但需要变量之间的特征属性是无关的；最适用于电主轴冷却系统性能评价研究的判别分析方法是 Fisher 判别法，它不仅适用于多类别的数据分类，而且准确率也能够得到保证。Fisher 判别的基本原理是对具有标签的训练样本进行学习，按照一定的判别准则，建立一个或多个判别函数，确定判别函数中的系数，计算判别指标，实现电主轴冷却系统的性能等级划分。

（1）Fisher 判别法概述

Fisher 判别法的中心思想是将高维数据空间向低维数据空间投影，保证同类别数据尽可能集中，不同类别数据尽可能分散，对于线性可分的数据集合，可以高效完成判别分类。即找到一个向量，满足数据投影到该向量上后，类内数据的离散度尽可能小，类间离散度尽可能大，从而求取最佳投影向量，完成数据的分类提取和匹配，如图 6.9 所示为 Fisher 判别的原理解释图。

（2）Fisher 判别法流程

假设电主轴冷却系统有 n 个性能等级，即 $F_1, F_2, F_3, \cdots, F_n$，由于样本数据存在单位差异性，需要进行数据归一化处理，具体步骤可参考偏最小二乘建模步骤中的数据归一化方法。假设 n 个性能等级的数据样本总数为 m，第 n 个样本表示为

m_n，各类均值和样本总均值为 μ_n 和 μ，其计算公式分别为：

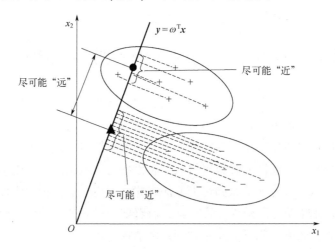

图 6.9　Fisher 判别原理图

y—原变量 x 的线性组合；x—原变量组成的矩阵；ω—变换矩阵

$$m = \sum_{n=1}^{n} m_n \tag{6.37}$$

$$\mu_n = \frac{1}{m_n} \sum_{i=1}^{n} \sum_{x \in \{F_j\}} x \tag{6.38}$$

$$\mu = \frac{1}{m} \sum_{x \in \{F_j\}} x \tag{6.39}$$

将组内离差平方和矩阵和组间离差平方和矩阵分别定义为 S_W 和 S_B，计算公式分别为：

$$S_W = \sum_{n=1}^{n} \sum_{x \in \{F_j\}} (x - \mu_n)(x - \mu_n)^T \tag{6.40}$$

$$S_B = \sum_{n=1}^{n} m_n (\mu_c - \mu)(\mu_c - \mu)^T \tag{6.41}$$

式中，μ_c 代表第 n 个等级数据中的样本均值。

在上述公式的基础上，计算 S_W^{-1}、$S_W^{-1} S_B$。根据 $S_B / S_W = I$，整理得到：

$$(S_W^{-1} S_B - \lambda_i I) U_i = 0 \tag{6.42}$$

式中，I 为单位矩阵；λ_i 和 U_i 分别为特征值及其对应的特征向量，对非 0 特征值 λ_i 进行排序，计算前 C 个特征值所对应特征向量的累计贡献率。根据以往经验，当累计贡献率超过 85%即可认为累计判别函数的判别结果有效，假设最终确定的判别函数个数为 M，则累计贡献率的公式如下：

$$\eta = \frac{\sum_{i=1}^{M} \lambda_i}{\sum_{i=1}^{n-1} \lambda_i} \tag{6.43}$$

则第 i 个 Fisher 判别函数的表达式为：

$$\boldsymbol{Y}_i = \boldsymbol{U}_i^{-1} \boldsymbol{x} \tag{6.44}$$

Fisher 判别分析流程如图 6.10 所示。

（3）Fisher 判别函数的建立

电主轴冷却系统的 4 个性能等级为类别标签，将转速、入口冷却水温度和第 6、7、8 温度测点的温升数据作为判别因子，分别记作 x_1，x_2，x_3，x_4，x_5。随机选取 60 组性能评价数据作为 Fisher 判别模型的训练集，剩余 20 组数据作为测试集。根据 Fisher 判别法的准则和流程，结合数据分析软件，建立了电主轴冷却系统的 Fisher 判别性能评价模型，共得到了 3 个判别函数，对应的特征值表如表 6.9 所示。

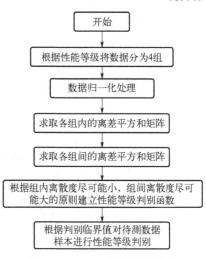

图 6.10　Fisher 判别分析流程

$$Y_1 = 0.002x_1 + 2.417x_2 + 0.127x_3 - 0.021x_4 - 2.417x_5 - 32.22 \tag{6.45}$$
$$Y_2 = 0.001x_1 + 0.021x_2 - 5.41x_3 + 0.02x_4 + 5.457x_5 + 3.707 \tag{6.46}$$
$$Y_3 = 0.001x_1 + 0.498x_2 + 0.386x_3 - 0.621x_4 - 0.428x_5 - 8.855 \tag{6.47}$$

表 6.9　特征值表

序号	特征值	贡献率/%	累计贡献率/%
1	16.612	80.7	80.7
2	2.638	18.3	99.0
3	0.021	0.9	100.0

结果显示，第一个特征值为 16.612，贡献率为 80.7%，第二个特征值为 2.638，贡献率为 18.3%，累计贡献率超过了 99%，所以最终确定 Fisher 判别函数个数为 2，前两个判别函数的系数如表 6.10 所示。

表 6.10　判别函数系数表

判别函数	x_1	x_2	x_3	x_4	x_5	常数项
判别函数 1	0.002	2.417	0.127	−0.021	−2.417	−32.221
判别函数 2	0.001	0.021	−5.410	0.020	5.457	3.707

6.3.2　评价方法的对比与分析

两个判别函数的函数值可以在二维空间内用数据点来表示，所得的训练集函数值如图 6.11 所示。

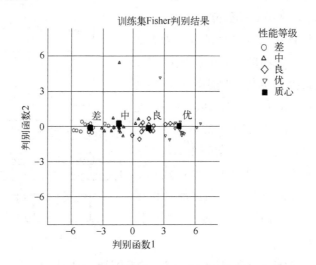

图 6.11　训练集 Fisher 判别结果图

在二维平面内，可以清晰地看到不同性能等级的数据聚集在了不同的位置，横轴表示第一个判别函数的值，纵轴表示第二个判别函数的值。图中正方形实心点表示四个性能等级数据的质心，判别质心的值分别为：优（4.46，0.02）、良（1.51，−0.15）、中（−1.41，0.25）、差（−4.18，−0.13）。各样本点的性能等级判别标准是按照最小质心距原则来确定的，分别计算 Fisher 判别函数的函数值与四个性能等级质心的距离，按照最小质心距原则得到性能评价结果，公式如下：

$$D_i = \sqrt{\left[Y_1\left(x_j\right) - e_i\right]^2 + \left[Y_2\left(x_j\right) - e_j\right]^2} \tag{6.48}$$

式中，$Y_1(x_j)$ 和 $Y_2(x_j)$ 分别为两个判别函数的函数值；e_i 和 e_j 为四个性能等级的质心值。最小质心距判别公式为：

$$D_g = \min\left(D_1, D_2, D_3, D_4\right) \tag{6.49}$$

按照最小质心距判别原则，分别对 60 组训练数据进行判别分组，表 6.11 为训练集预测分组与实际分组情况。

表 6.11　训练集结果对比

实际	预测				
	优	良	中	差	总计
优	13	1	0	0	14
良	1	14	1	0	16
中	0	1	15	2	18
差	0	0	0	12	12
总计	14	16	16	14	60

如表 6.11 所示，60 组训练数据的误判样本个数为 6 个，其余样本均分类正确，训练集判别结果的准确率为 90%，达到了所需的精度要求。将剩余的 20 个测试样本代入判别函数中，得到的函数值如表 6.12 所示。

表 6.12　测试集判别函数值

函数	1	2	3	4	5	6	7	8	9	10
Y_1	−2.21	−5.16	−2.52	4.11	4.87	0.45	4.09	−2.11	1.41	1.47
Y_2	−0.29	−0.05	0.72	0.69	−4.07	0.79	0.08	−0.38	−0.03	−4.06

函数	11	12	13	14	15	16	17	18	19	20
Y_1	5.28	4.85	3.47	1.86	−5.39	−4.82	−6.16	1.58	−4.82	−1.88
Y_2	0.23	−0.05	0.69	0.45	−0.46	0.02	0.19	0.24	−0.18	0.08

计算函数值和 4 个性能等级的质心距，根据最小质心距原则，得到测试集样本的预测分组和实际分组如表 6.13 所示。

表 6.13　测试集结果对比

等级	1	2	3	4	5	6	7	8	9	10
预测等级	中	差	中	优	优	良	优	差	良	良
实际等级	中	差	中	优	优	良	优	差	良	良

等级	11	12	13	14	15	16	17	18	19	20
预测等级	优	差	优	良	差	差	差	良	差	差
实际等级	优	差	优	良	差	差	差	优	差	差

由表 6.13 可以看到，编号为 18 测试集样本出现了误判，其余的样本均正确，测试集判别结果准确率为95%，达到了所需的精度要求，说明了 Fisher 判别性能评价模型的可靠性。

为了验证 Fisher 判别法的优越性，进行了与其它方法准确率的对比，得到不同性能评价方法的准确率如表 6.14 所示。

表 6.14　不同方法准确率对比

序号	方法	准确率/%
1	Fisher 判别法	95
2	偏最小二乘法	60
3	支持向量机	75
4	BP 神经网络	85

Fisher 判别法相对于其它方法准确率高，且建模时间短，具有明显的优势。

本节从性能监测成本的角度分析了减少数据监测点的优势，借助偏最小二乘模型的变量投影重要性指标分析，选取了对性能评价结果影响较大的性能评价数据，进行后续的性能评价研究。减少了性能评价数据后，偏最小二乘模型准确率较低，不适用于简化监测方式的性能评价，对比了其它方法后，建立了 Fisher 判别性能评价模型。结果显示：模型的准确率高，能够有效完成电主轴冷却系统的性能评价。

第 **7** 章

高速电主轴系统的运行状态综合

评价

高速电主轴系统运行状态的评价与状态监测和故障诊断一样，都属于集合了机械、电气、数据处理、传感器技术等的交叉科目。随着传感器技术和计算机技术以及软件工程的发展，人工智能技术也开始运用到设备状态评价中，这也是未来的发展方向。在设备结构设计日趋合理的情况下，要想推动设备可靠性的进一步发展，除了新材料的研发，另一种解决方式就是基于数据处理的智能控制技术方法。进行设备状态评价需要确定几个前提，首先要确定评价对象的指标有哪些，各个指标对整个评价的作用量，即权重的大小，然后才能进行评价模型的建立。高速电主轴系统运行状态评价基本过程如图 7.1 所示，以下针对高速电主轴系统运行状态评价过程分别展开研究。

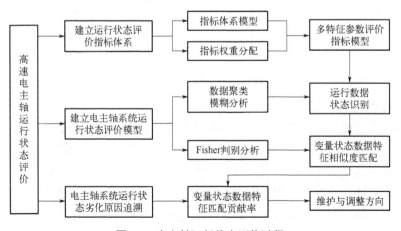

图 7.1 电主轴运行状态评价过程

7.1 运行状态评价指标体系的建立

电主轴的动态性能受多种因素影响，综合考虑运行工况和相关的加工工艺的限定条件，从电主轴的常见故障中分析获取主要影响电主轴运行状态的相关指标，并划分层次来构建电主轴系统的评价指标体系。与故障诊断不同，状态评价的工作不只是要区分电主轴运行的正常状态和故障状态，还要在电主轴正常运行的前提下，划分状态的优良等级，尽可能使其工作在最优状态。由此要求综合考虑各种相关指标因素，在故障到来之前实现电主轴系统的微调，达到长期高效工作的目的。

电主轴常见故障主要存在由轴承的磨损、点蚀、疲劳或者断裂以及转子不平衡等因素引起的振动类故障、冷却和润滑不足及磁损耗的散热问题引起的发热类故障、电源控制系统故障等。

综合考虑电主轴系统运行状态的影响因素指标的全面性和可操作性，动态特性条件中振动和温升是电主轴运行状态的主要影响因素，也是引起故障的常见指标。主轴振动是电主轴动态性能的关键指标之一，在电主轴发生故障之前的运转过程中，电主轴还会因为存在受到激扰力的作用而发生振动，当振动幅值过大时会直接反映在主轴的加工精度和效率上，对其整个加工过程的质量产生巨大影响，同时振动会加剧轴承的摩擦，产生更多的热量导致主轴温度的升高，影响机械加工精度、工件表面质量和机床使用寿命，所以主轴振动也是运行状态优劣的重要指标。高速主轴温升影响是一系列的耦合过程，由于主轴高速运转过程中产生的大量的热量来不及散发出去而导致主轴零件的不均匀热膨胀或刀具的热变形，同时还会影响轴承的预紧力大小，从而降低了主轴的加工精度。电主轴温度的升高必然会导致主轴的热变形，造成主轴轴向热伸长和径向的热漂移，由此导致振动的加剧，影响加工精度，造成主轴运行状态性能下降，对主轴的运行状态产生巨大影响。电主轴的效率是由输出功率和输入功率的比值决定的，输出功率总是小于输入功率是因为电主轴的电机存在损耗，损耗越大输出的功率越低，主轴加工效率也就越低。在电主轴内部电机的损耗中主要包括两类：恒定损耗和负载损耗。恒定损耗是由电主轴的材料工艺、结构等参数决定的，包括铁芯损耗和轴承等因素造成的机械损耗，负载损耗包括定子绕组损耗、转子绕组损耗、附加损耗，附加损耗包含了谐波损耗，由谐波分量产生的谐波转矩不仅对高速电主轴的转矩和转速产生脉动，同时会加大电主轴的损耗，从而降低主轴运行效率，还会产生振动和电磁噪声等现象，所以电主轴的效率也是影响电主轴运行状态的重要指标。在机床加工过程中电主轴的振动和温升以及电主轴的效率大小都会对整个加工过程可靠性和综合效益产生重要的影响。其它小项的指标影响都会通过以上三个指标的变化显现出来，所以最终将振动、温升及效率三个指标作为电主轴运行状态评价的重要指标。

　　由以上分析，可以基本划分影响电主轴运行状态的几个主要监测指标有振动、温升和效率这几个可测指标，其它指标与这三个指标间都相互联系。例如冷却水的温度和水流量大小等与电主轴的温升量有影响，同时润滑油的润滑作用以及空压机的供气都会带走电主轴内部的一部分热量，从而与温升相互联系，而且它们作用量小但又不至于小到可以忽略，所以此时可以用温升来综合表征电主轴内部复杂的变化，然后深层次的指标用于后期的状态劣化追溯，同理其它指标也是一样。基于此建立如图 7.2 所示的电主轴运行状态评价指标体系。

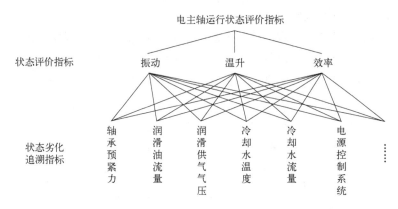

图 7.2　电主轴运行状态评价指标体系

7.1.1　评价指标权重的确定

　　指标权重的确定方法有很多，通常分为主观赋权和客观赋权两大类方法，两种方法各有优劣。对于主观赋权方法，如专家调查法、层次分析法等，此类方法可以根据专家经验按指标重要性程度给出权重，符合决策者的主观意向，但是存在决策结果具有主观随意性、客观性差等缺点；对于客观赋权方法，如主成分分析法、熵权法、标准离差法、CRITIC（客观权重赋权）法等，此类方法是根据实际数据之间的相关关系和所包含信息多少来进行权重的划分的，具有很强的客观性，但是决策结果可能与决策者的意愿相悖，不能够体现决策者对于指标的重视程度。针对主、客观赋权各自的优缺点，为了兼顾决策者对于指标的偏好和降低决策者的主观随意性，达到指标重要度的主观与客观的统一，结合主、客观的组合赋权法就应运而生。基于主、客观权重的组合赋权法一般用简单的直线加权法和乘法合成归一方法，此类方法在对于主、客观的加权系数的确定方面还存在困难。对于主观权重来说如果打分的专家人数足够多，我们可以假设得到的权重无限接近组合权重，同样对于客观权重也可以假设足够多的数据可以合理地获取到接近组合权重的值，由此可使用最优化原理得到兼顾主观和客观优势的组合权重值。

（1）指标主观权重的确定方法

① 德尔菲法。德尔菲法（Delphi）又叫专家规定程序调查法，是在 20 世纪 40 年代由 Helmer 和 Gordon 创立的，后经过美国兰德公司的发展，用于避免在调查专家时存在屈服于权威而不能得到准确结果的问题。德尔菲法的典型特征就是可以充分地利用专家的经验和学识，并且能够在每位专家给出结果后给予反馈，使得集体意见的逐渐趋同。

德尔菲法显然属于主观的决策方法，依赖于专家的经验和学识，但是其充分利用了专家的经验和学识，采用匿名方法能使每一位专家独立地做出自己的判断，经过几轮反馈后能够使专家意见逐渐趋同，其基本步骤如图 7.3 所示。

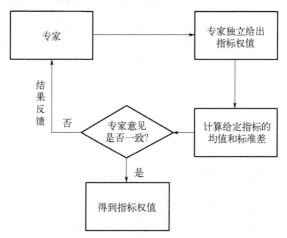

图 7.3　德尔菲法赋权步骤图

② 层次分析法。20 世纪 70 年代初期，美国运筹学家 T.L.Saaty 教授提出了一种简单、灵活的定性与定量相结合的多准则决策方法——层次分析法，针对可以达到同一目的的多个措施使用不同的准则排序得到最合适的选择结果，也可以判断出针对同一目标决策者对其的喜欢的重要程度，其核心就是将各位决策者的经验进行量化表示，并进行层次划分和一致性检验，避免了在复杂因素相互关联、相互制约的情况中决策时的前后矛盾性。使用层次分析法来确定设备状态影响指标的权重，是在没有准确数据支持的情况下时比较常用的解决办法，依靠专家经

验给出各个指标量之间的相对重要程度，通过量化分析对指标间的重要度进行排序最终获得指标权重值。例如宾光富针对设备结构形式多样、耦合复杂、功能多元化、运行参数多等因素对设备进行层次结构模型的建立，运用层次分析法对层次指标确定权重，对设备状态进行健康评价；马跃先针对水轮机选型难以定量分析和评价的问题，使用层次分析法解决多因素影响的水轮机选型各指标的权重划分问题；廖瑞金在对电力变压器运行状态进行分析时，由于变压器结构复杂、影响因素众多，通过将运行状态定为目标层，依次划分项目层、子项目层、指标层，使得各个状态影响因素指标的相关性更加清晰，量化指标权重、评价脉络更加清晰化。层次分析在设备结构复杂以及无法得到数据支持的情况下有较好的实用性。

（2）指标客观权重的确定方法

① 熵权法。熵权法基本原理是根据某一指标的测量数值的信息熵值大小来确定权值大小。若数值差小则熵值大，而熵权小，说明被评价对象在该指标上的差异较小，指标提供的有用信息较少；反之，熵权大，重要度也大，所分配的权值也大。

熵权法计算客观权重：

假设数据矩阵为 $A_\tau = \begin{pmatrix} x_{11} & \cdots & x_{1m} \\ \vdots & \ddots & \vdots \\ x_{n1} & \cdots & x_{nm} \end{pmatrix}$，其中 τ 表示间隔一定时间的不同取样。

计算第 j 项指标下第 i 个方案占该指标的比重：

$$p_{ij} = \frac{x_{ij}}{\sum_{i=1}^{n} x_{ij}}, j = 1, 2, \cdots, m \tag{7.1}$$

计算第 j 项指标的熵值：

$$e_j = -k \times \sum_{i=1}^{n} p_{ij} \ln p_{ij} \tag{7.2}$$

式中，k 为第 j 项指标的熵值权重系数。

计算第 j 项指标的差异系数为：

$$g_j = 1 - e_j \tag{7.3}$$

用以下公式求取各指标的权重值：

$$w_j^\tau = \frac{g_j}{\sum_{j=1}^{m} g_j} \tag{7.4}$$

② CRITIC 法。CRITIC 法确定权重的原理是由指标内的变异性和冲突性来衡量的。变异性以标准差的形式表现，表示同一指标各个评价对象之间取值差距

的大小；冲突性是用指标间的相关性来表征的，若两个指标具有较强的正相关，则说明两个指标的冲突性较低。

由 CRITIC 法计算客观权重中，变异性用标准差 σ_j 来表征；冲突性由 $R_j = \sum_{i=1}^{n}(1-r_{ij})$ 来表征，其中 r_{ij} 为评价指标 i 和 j 之间的相关系数。设 c_j 为第 j 个评价指标包含的信息量，$c_j = \sigma_j R_j = \sigma_j \sum_{i=1}^{n}(1-r_{ij})$，那么第 j 个指标的客观权重就为：

$$w_j = \frac{c_j}{\sum_{j=1}^{n} c_j}, j = 1, 2, 3, \cdots, m \tag{7.5}$$

在电主轴运行状态评价过程中，对于客观权重来说是由主轴运行数据决定大小的，考虑到评价指标中的振动、温升和效率几个因素都受到主轴不同运行工况的影响，所以客观权重的确定理应根据不同的工况进行调整更新。

（3）指标变权重方法

在设备运行状态评价的问题中，指标常权可能无法客观地描述各个指标相互之间的重要性，尤其是基于多元统计数据处理方法的状态评价中，客观指标的重要性有时会随不同运行工况的变化而发生相应的变化。而且在常权的情况下，如果设备中的某单个指标出现了劣化问题，可能会由于初期分配的权重过小而导致综合评价为良好状态，耽误设备的正常维护，造成更加严重的后果，所以需要一种会伴随采集的数据变化而调节的指标变权重方法，即变权方法。状态评价指标变权主要解决的问题方向是加大劣化指标的权重，在相关指标的数据异常时，能够凸显单个指标严重劣化对综合评价结果的影响。一般变权公式如式（7.6）所示：

$$w_i(x_1, x_2, \cdots, x_m) = \frac{w_i^{(0)}}{x_i} \bigg/ \sum_{i=1}^{m} \frac{w_i^{(0)}}{x_i} \tag{7.6}$$

文献[111]在分析解决电力变压器的部分参数偏离正常值时对整体评估影响的不足时提出了一种带变权的电力变压器状态评判方法，依照设备对不同指标劣化的容忍程度，引入了均衡函数来对指标权重进行更新。给出变权公式如式（7.7）所示：

$$w_i(x_1, x_2, \cdots, x_m) = w_i^{(0)} x_i^{\alpha-1} \bigg/ \sum_{k=1}^{m} w_k^{(0)} x_k^{\alpha-1} \tag{7.7}$$

$$\min F(w_j) = \alpha(w_j - w_{sj})^2 + \beta(w_j - w_{bj})^2 \tag{7.8}$$

式中，w_j 为单个指标的组合权重；w_{sj} 为主观权重；w_{bj} 为客观权重；α 和 β 分别为主观权重和客观权重的相对重要性系数，且 $\alpha+\beta=1$。基于应用实际考虑，一台新进的电主轴设备经过合理的调试和磨合，设备运行前期可以简单地认为主轴性能和运行状态处于较好的状态，所以对于收集到的数据大部分属于状态"优良"的指标数据。此时相对于客观权重来说，主观权重更加符合决策者的意向和应用实际，所以前期主观权重的重要性系数 α 要大于 β，倾向于主观权重。在评价过程中评价指标的客观权重随着主轴设备服役时间的延长进行更新，在收集足够多的数据量后，使组合权重值更倾向于客观，此时 β 要大于 α。用矩法估计理论可得主、客观权重的期望分别为：

$$E(w_{sj}) = \frac{\sum\limits_{s=1}^{l} w_{sj}}{l} \tag{7.9}$$

$$E(w_b) = \frac{\sum\limits_{b=1}^{q} w_{bj}}{q} \tag{7.10}$$

由此可以求得单指标对应的主、客观权重相对重要性系数为：

$$\alpha_j = \frac{E(w_{sj})}{E(w_{sj}) + E(w_{bj})}, 1 < j < m \tag{7.11}$$

$$\beta_j = \frac{E(w_{bj})}{E(w_{sj}) + E(w_{bj})}, 1 < j < m \tag{7.12}$$

对于多指标的问题对应的重要性系数同样由矩法估计得到：

$$\alpha = \frac{\sum\limits_{j=1}^{m} \alpha_j}{\sum\limits_{j=1}^{m} \alpha_j + \sum\limits_{j=1}^{m} \beta_j} = \frac{\sum\limits_{j=1}^{m} \alpha_j}{m} \tag{7.13}$$

$$\beta = \frac{\sum\limits_{j=1}^{m} \beta_j}{\sum\limits_{j=1}^{m} \alpha_j + \sum\limits_{j=1}^{m} \beta_j} = \frac{\sum\limits_{j=1}^{m} \beta_j}{m} \tag{7.14}$$

由此建立多目标优化模型为：

$$\begin{cases} \min F = \sum\limits_{j=1}^{m} \left\{ \alpha(w_j - w_{sj})^2 + \beta(w_j - w_{bj})^2 \right\} \\ \text{s.t.} \sum\limits_{j=1}^{m} w_j = 1 \\ 0 \leqslant w_j \leqslant 1; 0 \leqslant j \leqslant m \end{cases} \tag{7.15}$$

由以上方法求取组合权值，来获得兼顾主观和客观优势的组合权重。同时主客观的重要性指标会随着运行状态数据的改变而自动调整，结果更具合理性。

7.1.2 数据特征的提取与匹配

机械设备的在线监控必然会朝向智能化发展，设备的多功能化和智能化必然会带来维护复杂化的问题。要想综合全面地分析设备状态就需要尽可能多地对各种指标数据进行分析，这其中既包括无关联数据，也包括互相关联数据，这样就造成了数据处理的高维度和强耦合性，问题分析复杂。解决以上问题的其中一个突破口就是降维，通过合理的方式在保留足够多的信息的前提下，尽可能地降低数据维度，来减少运算压力和加快数据处理速度，以满足多变量数据类别的归属问题，这涉及了数据的特征提取和匹配问题。由于设备原始数据分布复杂，一般都经过数据的预处理过程才进行后续工作。

7.2 基于多元数据统计分析的运行状态评价模型

7.2.1 距离判别准则

理论上，属于某个状态等级的数据会集中于某一集合的中心区域，而离群点和噪声等干扰数据会游离于数据集合边缘，所以在数据的特征匹配时通常会利用距离判别准则来进行数据的特征提取和特征匹配的处理工作。

由文献[112]和[113]可知距离判别准则中，对于多变量样本 $\boldsymbol{x}=(x_1, x_2, \cdots, x_p)^{\mathrm{T}}$，和样本 $\boldsymbol{y}=(y_1, y_2, \cdots, y_p)^{\mathrm{T}}$ 的欧氏距离公式如下所示：

$$d(\bar{\boldsymbol{x}}, \bar{\boldsymbol{y}}) = \sqrt{(\bar{\boldsymbol{x}} - \bar{\boldsymbol{y}})^{\mathrm{T}}(\bar{\boldsymbol{x}} - \bar{\boldsymbol{y}})} \tag{7.16}$$

均值为 $\boldsymbol{\mu}=(\mu_1, \mu_2, \cdots, \mu_p)^{\mathrm{T}}$，协方差为：

$$\boldsymbol{\Sigma} = \begin{bmatrix} \sigma_{11} & \cdots & \sigma_{1p} \\ \vdots & \ddots & \vdots \\ a_{p1} & \cdots & a_{pp} \end{bmatrix} \tag{7.17}$$

欧氏距离表示了两个点之间的真实距离，但是两个样本点之间如果存在量纲的不同时欧氏距离由于不能考虑量纲的影响，会造成异常数据的区分能力较弱的情况。为了解决这个问题，印度统计学家 P.C.Mahalanobis 提出了马氏距离准则，引入了协方差的定义来表示距离，马氏距离公式如式（7.18）所示：

$$d(\bar{\boldsymbol{x}}, \bar{\boldsymbol{y}}) = \sqrt{(\bar{\boldsymbol{x}} - \bar{\boldsymbol{y}})\boldsymbol{\Sigma}^{-1}(\bar{\boldsymbol{x}} - \bar{\boldsymbol{y}})} \tag{7.18}$$

可以看到马氏距离比欧氏距离多了一个协方差的逆，我们可以从线性代数的角度分析，假如样本的量纲较小，那么它的数据分布就会分散（即方差较大），反之，数据分布集中。方差的大小影响了数据的分散程度，进一步影响了样本之间的距离，公式中的协方差的逆可以理解为倘若数据矩阵是对角化的矩阵，协方差的矩阵中的元素越大，那么相对应的逆就越小，理解为对原始样本数据的归一化处理，这在一定程度上抵消了数据量化尺度大小的影响。距离判别准则是数据挖掘、未知类别归类及机器学习的理论基础。

7.2.2　离线数据状态等级识别

对于电主轴运行状态的离线数据状态等级识别是一种定性的评判方法，如果简单地规定某个确定的数据作为划分状态等级的阈值，得到的结果过于受主观影响，从而导致识别结果不准确。考虑到实际情况很难用精确的数据来描述复杂的问题，由此引入模糊概念，将原来的问题转化为以模糊数学为原理的定性与定量相结合的分析解决方法，运用模糊数学原理系统地分析和识别电主轴运行状态离线数据分类对应等级，然后将识别结果映射到区间[0,1]中可以得到电主轴运行的离线数据状态等级识别模型。

针对于电主轴运行数据初步分类后的样本进行等级识别分析，设备运行状态等级的评价方法众多，应用较为广泛的有模糊层次分析法、模糊综合分析法、健康指数法、综合指数法等。由于模糊综合分析法根据模糊数学的隶属度理论把定性评价转化为定量评价，具有结果清晰、系统性强的特点，针对高速电主轴系统运行状态等级模糊问题能够较好地解决。

隶属函数模型的确定，考虑到电主轴运行状态等级评价相邻两个等级之间没有统一的阈值界限，电主轴的相邻两个运行状态之间的转换是一个逐渐劣化的过程，而非一蹴而就的，因此相邻两个等级之间的界限是一个模糊的分界区间。对于三角形的隶属函数来说分界区间用简单的直线来划分使得各个等级分界过于粗糙，对于梯形分布的隶属函数分界区间属于简单的直线交叉，易造成信息的丢失，最终采用岭形分布和梯形分布相结合的隶属函数。

由此确定属于"差"状态的隶属函数为：

$$r(x_i) = \begin{cases} 1, x_i \leqslant a_1 \\ 0.5 - 0.5\sin\dfrac{\pi}{a_2 - a_1}\left(x_i - \dfrac{a_1 + a_2}{2}\right), a_1 < x_i < a_2 \\ 0, x_i \geqslant a_2 \end{cases} \qquad (7.19)$$

属于"优"状态的隶属函数为：

$$r(x_i) = \begin{cases} 0, x_i \leqslant a_5 \\ 0.5 + 0.5\sin\dfrac{\pi}{a_6 - a_5}\left(x_i - \dfrac{a_5 + a_6}{2}\right), a_5 < x_i < a_6 \\ 1, x_i \geqslant a_6 \end{cases} \qquad (7.20)$$

状态为"良"和"中"隶属函数类似，以状态"中"为例，隶属函数为：

$$r(x_i) = \begin{cases} 0, x_i < a_1 \,\&\, x_i \geqslant a_4 \\ 0.5 + 0.5\sin\dfrac{\pi}{a_2 - a_1}\left(x_i - \dfrac{a_1 + a_2}{2}\right), a_1 < x_i < a_2 \\ 1, a_2 \leqslant x_i < a_3 \\ 0.5 - 0.5\sin\dfrac{\pi}{a_4 - a_3}\left(x_i - \dfrac{a_3 + a_4}{2}\right), a_3 \leqslant x_i < a_4 \end{cases} \qquad (7.21)$$

最终的隶属函数图形如图 7.4 所示，其中 $a_i(i = 1, \cdots, 6)$ 是各个等级分界区间的值，不同的指标对应于不同的分界区间，参考相关技术标准由专家经验和运行数据给出相应的值。

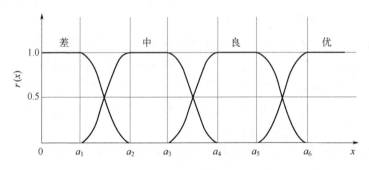

图 7.4　隶属函数图像

由模糊权重向量 $\boldsymbol{W}$ 和模糊关系矩阵 $\boldsymbol{R}$ 选用合适的模糊合成算子求得多指标的模糊综合评价结果矢量 $\boldsymbol{B}=\boldsymbol{WR}$，电主轴的运行状态等级受多种因素综合影响，同时单个指标的劣化也对主轴状态有较大影响，所以对电主轴的综合评价既要体现权重的作用，又要强调综合程度，在此选用加权平均型的 $M(\bullet, \otimes)$ 模糊合成算子。利用加权平均原则对结果分量进行分析，为了定量处理，可以对四个等级分别赋值 1、2、3、4，称为各等级的秩。然后用结果矢量对应的分量 b_j 将各等级得到的秩数进行加权平均，获取被评价对象的相对等级位置，计算如下所示：

$$\lambda = \sum_{j=1}^{4} b_j^k \times t \Big/ \sum_{j=1}^{4} b_j^k \qquad (7.22)$$

其中，k 为待定系数（$k=1$ 或 2），当 k 值趋于无穷时，式（7.22）就是最大隶属原则的形式，在此 k 取值为 1；t 为 4 个状态等级的秩；λ 为状态因子。定义一个指数 δ 表征电主轴运行的健康状态，将的 λ 的 $[0,4]$ 区间映射到 δ 的区间 $[0,1]$ 上，得到电主轴运行状态的健康指数表征意义如表 7.1 所示。

表 7.1　电主轴健康指数对应状态等级描述

等级	主轴运行状态健康指数	运行状态描述
优	$0.875 \leqslant \delta < 1$	主轴运行状态优，设备加工精度高，效率高，表面粗糙度小，成品率高
良	$0.625 \leqslant \delta < 0.875$	运行状态良好，加工精度和效率处于可接受范围内，可以长期运行
中	$0.375 \leqslant \delta < 0.625$	状态中等，加工精度较低，不适合长期运行
差	$0 \leqslant \delta < 0.375$	运行状态较差，不能保证加工精度，有必要停车检修

7.2.3　在线数据状态等级评价

判别分析不同于聚类分析，判别法属于一种对未知类别样本进行划分归类的方法，主要根据样本数据特征值的不同对判别样本所属类别进行识别，属于多元数据统计分析。比如比较常用的有距离判别法和以距离为准则的 Fisher 判别法。

通过理解 Fisher 判别原理，针对电主轴运行状态数据进行在线判别时，为了判别顺利稳定，对采集处理后的数据用滑动窗口技术进行流量控制，设定固定宽度的窗口长度为 L，通过不断更新窗口内的数据进行在线评价，简单理解就像是将数据"分批次打包发送"。窗口长度的确定也有一定要求，推送数据量过小，使得判别效率低下，而推送数据量过大，可能会出现有的数据来不及判别而造成漏判的现象，同样会造成数据判别不准确，可以经过反复试验测得恰当的数值。在某一时刻 t 时，定义将从 $t-L+1$ 时刻到 t 时之间的间隔数据作为一个窗口数据包，发送到状态数据评价过程中。

基于离线数据聚类分析的类别数据，进行模糊判别后分成稳定的 C 个状态数据模型，为了描述方便记为 $X=(X_1, X_2, \cdots, X_C)' \in \mathbf{R}^{m \times n}$。对于 C 个类别的分类判别问题，按照 Fisher 判别法就需要 $C-1$ 个判别公式，即可以理解为将 d 维原始监测样本空间投影到 $C-1$ 维空间中，且 $d \geqslant C$，C 个状态数据样本总体监测样本个数为：$m = \sum\limits_{c=1}^{C} m_c$。先计算各类的类均值 $\boldsymbol{\mu}_c$ 和样本总均值 $\boldsymbol{\mu}$ 为：

$$\boldsymbol{\mu}_c = \frac{1}{m_c} \sum_{i=1}^{C} \sum_{x \in G_c} x \qquad (7.23)$$

$$\boldsymbol{\mu} = \frac{1}{m} \sum_{x \in G} \boldsymbol{x} \tag{7.24}$$

式中，$\boldsymbol{x} \in \boldsymbol{G}_c$ 表示属于第 C 个状态的数据样本；$\boldsymbol{x} \in \boldsymbol{G}$ 表示属于全部状态的数据样本。

然后计算类内离差平方和矩阵和类间离差平方和矩阵为：

$$\boldsymbol{S}_{\mathrm{W}} = \sum_{c=1}^{C} \sum_{x \in G_c} (\boldsymbol{x} - \boldsymbol{\mu}_c)(\boldsymbol{x} - \boldsymbol{\mu}_c)^{\mathrm{T}}$$

$$\boldsymbol{S}_{\mathrm{B}} = \sum_{c=1}^{C} m_c (\boldsymbol{\mu}_c - \boldsymbol{\mu})(\boldsymbol{\mu}_c - \boldsymbol{\mu})^{\mathrm{T}}$$

由式（7.25）求 $\boldsymbol{S}_{\mathrm{W}}^{-1}\boldsymbol{S}_{\mathrm{B}}$ 的非零特征值和对应特征向量，$\boldsymbol{w}_k$ 即是判别向量：

$$\boldsymbol{S}_{\mathrm{W}}^{-1}\boldsymbol{S}_{\mathrm{B}}\boldsymbol{w}_k = \lambda_k \boldsymbol{w}_k \tag{7.25}$$

对非零特征值 λ_k 进行排序，计算前 M 个非零特征值对应特征向量的判别累计贡献率。判别式总数为 $C-1$，一般认为当累计贡献率达到 0.85 时就可以认为判别结果有效，所以可取前 M（$M \leqslant C-1$）个特征向量对应的判别式来展开判别。累计贡献率公式计算如下：

$$\eta = \frac{\sum\limits_{k=1}^{M} \lambda_k}{\sum\limits_{k=1}^{C-1} \lambda_k} \tag{7.26}$$

原始判别矩阵降维后的判别矩阵可以表示为 $\boldsymbol{W} = (w_1, w_2, \cdots, w_m)$，计算状态判别得分向量为：

$$\boldsymbol{r}_c = \boldsymbol{W}^{\mathrm{T}}\boldsymbol{\mu}_c, \quad c = 1, 2, \cdots, C \tag{7.27}$$

计算在线窗口发送数据样本 $\boldsymbol{x}_L$ 的判别得分为 $\boldsymbol{r}_l = \boldsymbol{W}^{\mathrm{T}}\boldsymbol{x}_L$，然后根据距离准则计算新样本的判别得分与各状态样本得分的距离 $d_c = \|\boldsymbol{r}_L - \boldsymbol{r}_c\|$，并进行相似匹配计算如下：

$$\sigma_c = \frac{1/d_c}{\sum\limits_{k=1}^{c} d_k} \tag{7.28}$$

其中，相似度 σ_c 取值在区间 [0,1] 上，取值越接近 1 说明新样本属于此状态的可能性越大。可以通过实验确定恰当的阈值进而进行判别分析，当样本数据与每个状态的相似度值都不满足阈值时，说明状态处于转化过程当中，此时是从一个状态向另一个状态进行逐步转化的过程。

机械设备运行状态劣化是一个逐渐演变的过程，如果在设备运行过程中监测到状态劣化过程并及时进行相应的运行调整和维护，可以使设备在较为满意的状态下运行，倘若任由设备劣化过程演变最终可能造成不可挽回的后果。在此可利用贡献图法对主轴设备劣化原因进行追溯，在线数据模态的识别是匹配当前数据与各个模态运行数据特征来判断当前运行数据所对应的模态类型，通过对各变量数据特征对综合状态的贡献率即可得到对状态劣化的贡献率最大的指标变量，那么此变量就需要着重地监视和检查，为主轴设备维护和检修提供了理论依据。

在电主轴的运行状态评价模型中，Fisher 判别法求得了投影向量 W 使得原始数据 X 投影后得到 Y，满足 $Y=W^T X$。从单个变量角度分析，$y_{i1} = w_1^T x_i$，y_{i1} 表示是第 i 个样本 $x_i(x_i \in \mathbf{R}^{1 \times n})$ 在第 1 个投影方向上 w_1 的得分，那么定义 $x_{ik}, k = 1, 2, \cdots, n$ 为第 i 个样本的第 k 个变量，则第 k 个变量对 y_{i1} 的贡献量定义为 $y_{i1} = w_1^T x_{ik}$。基于此对各变量的贡献量进行分析，倘若出现状态劣化时，贡献量越大的变量对应指标越需要重视，出问题的可能性就越大，这给维护和设备运行调整提供了方向。

取已知状态数据的五个变量指标作为训练样本，计算训练样本的判别向量 $w = (w_1, w_2, \cdots, w_p)$。由于电主轴状态定义为四个，此处 $p=3$，即至多需要三个判别向量对样本数据进行分类判别，由状态数据和测试数据得到样本特征匹配规则。将 $X_n \in \mathbf{R}^{D \times 5}$ 定义为训练样本数据矩阵，定义 $G \in \mathbf{R}^{2000 \times 1}$ 为包含训练数据所属状态类别的向量，测试数据表示为 $X_{\text{les}} \in \mathbf{R}^{300 \times 5}$，由以上条件获取 Fisher 判别结果，分析后即可得到如表 7.2 所示状态的混淆结果。

表 7.2　测试数据判别状态混淆结果

状态类别	预测			
	优	良	中	差
优	67	5	1	0
良	9	68	4	2
中	2	5	81	7
差	0	6	8	40

由判别状态混淆结果，可以由回判率公式 $\eta = \dfrac{\text{判别正确的样本数量}}{\text{测试样本总数量}}$，求得 305 个测试样本得到的回判率为 $\eta = 85.3\% > 75\%$，模型有效。

第 **8** 章

电主轴系统的可靠工作时间预估与故障隐患预判

8.1 电主轴系统的可靠工作时间预估

8.1.1 电主轴系统的可靠工作时间预估流程

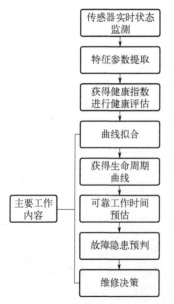

图 8.1　基于综合健康指数的电主轴
可靠工作时间预估框架

首先要明确研究对象是电主轴，然后要明白研究的目的是进行电主轴的可靠工作时间预估。做可靠工作时间预估需要有能够表征电主轴的特征参数，这里选择用健康指数来表征电主轴的健康状态，认为电主轴在运行过程中其健康指数是随着时间而单调递减的。有了单调性也就有了可预测性，因为健康指数是单调递减的，等得到电主轴的性能退化模型后，我们也能够进行可靠工作时间预估。最后是趋势性，所谓的趋势性就是指未来电主轴会以怎样的趋势进行发展。

电主轴可靠工作时间预估具体流程如图 8.1 所示，首先选择合适的传感器对电主轴进行实时状态监测，将所得的历史状态监测数据进行特征参数提取，根据综合健康指数的公式，将得到的特征参数按照序关系分析法进行第一次加权处理，序关系分析法是一种将定性分析和定量分析相结合的分析方法，所以常被用来进行赋权处理。但是因为序关系分析法具有主观性强的特点，为尽量排除主观因素的影响，用熵权法进行第二次加权，达到主观与客观的统一。然后根据综合健康指数公式求得综合健康指数。之后将历史综合健康指数进行曲线拟合，得到综合健康指数随时间的变化曲线，进行故障预测，预测电主轴未来的可靠工作时间，以提前进行维护，提供维护决策。

具体操作如下。

① 数据采集：首先通过对电主轴布置各类传感器，来采集被监测对象的各种状态参数，然后将得到的采集数据传输到上位机。

② 数据处理：将采集到的各类状态监测数据进行预处理，然后在此基础上选出能够表征电主轴性能退化的特征量进行特征提取、特征筛选并将结果存入数据库。

③ 状态监测：在得到筛选后的特征数据后，通过与失效阈值进行比较，看一下是否在阈值范围内，如果在，就是有效信息，如果不在，就是无效信息。

④ 健康评估：将得到的特征数据与阈值进行比较，来判断电主轴目前所处的健康状态，是优、良、中、差中的哪一个。

⑤ 曲线拟合：将来自监测数据的健康指数进行曲线拟合得到综合健康指数随时间变化的模型表达式。

⑥ 预测维护：根据所得到的综合健康指数的模型表达式预测未来可能出现故障的时间节点，做到基于状态的维修，为维修决策提供建议。

作为 PHM 体系中核心内容之一，通过可靠工作时间预估可以及时发现设备退化趋势，为维修策略的制订提供依据，从而避免意外故障发生，一定程度上促进了维修方式由传统的"事后维修"向更加先进的"视情维护"转变。

8.1.2　电主轴性能退化模型

（1）机械部分的性能退化模型

要建立电主轴的性能退化模型，首先需要解决的就是健康指标的计算方法。在系统有较为明显的能够反映电主轴健康状态的性能指标时，就可以直接用该指标作为健康指数来表征电主轴的健康状态。但是由于电主轴的整体寿命非常长久，不管在正常工作过程中还是在实验过程中，电主轴长时间处于健康状态下，所以，电主轴的健康状态下的数据获取较容易，而处于故障状态的数据却很难获取。所以在缺乏故障数据时，则常常通过一系列状态监测参数计算出一个健康指数，来代表电主轴的健康状态，获得电主轴的全寿命周期曲线，得到电主轴的运行变化趋势，得到其性能退化模型。

截至目前来说，有非常多的专家学者做过电主轴的可靠性和寿命预测方面的研究。但专家学者对电主轴的执行机构做过的相关研究少之又少，也缺乏相关的实验，所以本小节从电主轴入手，将电主轴分为机械与电气两个部分来分别建立性能退化模型，然后通过模型融合得到电主轴的整体性能退化模型。

本小节将健康指数作为衡量电主轴健康状态的指标。目前电主轴机械部分的性能退化模型也无从考究。基于以上这种情况，目前所用到最多的方法就是寻找一些能够代表电主轴整体性能的关键零部件来做放大研究。所以可将该典型零部件的失效分布函数近似代替电主轴的失效分布函数。鉴于此种情况，由于电主轴的轴承振动对电主轴整体性能影响非常大，并且目前对电主轴轴承的研究已经非常成熟，因此此处就将轴承的振动作为电主轴机械部分的性能退化模型的特征参数。通过查阅资料文献发现电主轴机械部分的轴承失效所服从的分布为韦布尔分布函数，所以，将电主轴机械部分的性能退化模型定为韦布尔模型。

两参数韦布尔分布的失效分布函数形式为：

$$F(t) = 1 - \exp\left[-\left(\frac{t}{\eta}\right)^m\right] \tag{8.1}$$

式中，t 为随机变量；η 为缩放因子；m 为形状因子。

令 $n = \left(\dfrac{1}{\eta}\right)^m$，式（8.1）可转化为：

$$F(t) = 1 - \exp(-nt^m) \tag{8.2}$$

健康指数（health index，HI），通常将电主轴的健康指数记为 HI，在这里规定 HI 的取值范围为[0,1]，当 HI 越接近于 1 说明设备的健康状态越好，越接近于 0 说明健康状态越差。0 代表状态失效，而 1 代表状态最佳。

现在得到了电主轴的失效分布函数模型，但是失效分布函数模型是一个累加的过程，是一个慢慢从 0 增长到 1 的一个过程。而我们需要的健康指数的模型是一个相反的过程，是一个从 1 慢慢退化到 0 的一个过程。所以我们可以对失效分布函数模型进行变化得到电主轴的机械部分的性能退化模型。

对式（8.2）进行变换得到的电主轴机械部分的性能退化模型为：

$$HI(t) = 1 - F(t) = \exp(-nt^m) \tag{8.3}$$

可以看出它是 e 指数模型，并且健康指数是在[0,1]之间分布，变化趋势是从 1 慢慢退化到 0 的一个过程，所以完全可以将它作为电主轴机械部分的健康评估模型。

将式（8.3）转化为常规参数模型，得到的机械部分的健康指数预测模型为：

$$HI_{机}(t) = \exp(a \times t^b) \tag{8.4}$$

式中，a、b 为健康指数预测模型参数；t 为随机变量。

现在电主轴的机械部分的性能退化模型已经得到了，接下来需要做的就是得到电主轴的电气部分的性能退化模型。

（2）电气部分的性能退化模型

电主轴电气部分的性能退化模型我们可以参照机械部分的性能退化模型，同样用能够代表电主轴整体性能的关键零部件来做放大研究。这里选取电主轴电气部分的电机定子电流来表征电主轴的性能退化的特征参数。电主轴在运行过程中，首先对电主轴进行实时状态监测。电流的状态量可以用 $x_{i,j}(t)$ 来表示，电流正常运行的最小极限值为 $x_{\min}$ 和最大极限值为 $x_{\max}$。如果测量值在最小极限值与最大极限值中间时，认为健康指数处于[0,1]之间；如果测量值超过最大或最小极限值时，认为健康指数为 0，表征电主轴目前已故障；如果测量值与标准值吻合时，认为健康指数为 1，此时电主轴正处于最佳运行状态。而往往测得的电流参数值并非处于[0,1]之间，此时需要进行归一化，用以量化电主轴电气部分的健康状态，归一化具体计算如下：

$$h_{i,j}(t) = \frac{x_{\max} - x_{i,j}(t)}{x_{\max} - x_{\min}} \tag{8.5}$$

其中，$h_{i,j}(t)$ 为基于设备 i 的特征参数 x_j 的健康指数；$x_{\max}$ 为最大值，$x_{\min}$ 为最小值；$x_{i,j}(t)$ 为电流参数 x_j 在 t 时刻的测量值。现在我们将电主轴的电气部分的特征参数进行了归一化处理，但是电主轴的电气部分性能退化模型服从什么样的变化趋势我们目前还不清楚。

通过查阅资料得知电气设备的健康程度与时间的关系可以表征为：

$$H = H_0 \times e^{B(t-t_0)} \tag{8.6}$$

该式引自英国 EA 公司的一个经验公式，式中 H 表示了电气设备的健康状态，随着使用时间增加而不断增大。其值越大，表示健康状态越差，反之，其值越低，表示健康状态越好。而此处所需的健康指数是一个随着使用时间的不断增加而不断下降的指标，电主轴电气部分同属于电力设备的一部分，可以借鉴这个模型，不过同样需要对其进行改进，改进后为：

$$H_i(t) = 1 - H_0 \times e^{B(t-t_0)} \tag{8.7}$$

式中 H_0——设备 t_0 时刻的健康指数，取 0.95。

$H_i(t)$ ——设备 t 时刻的健康指数；

B ——老化系数；

t_0 ——设备初始投运的时间；

t ——设备被评估时的时间；

这里引入了预期运行寿命 T_d 和老化系数 B，这两个参数的计算公式为：

$$T_d = \frac{T_D}{f_1 f_2} \tag{8.8}$$

$$B = \frac{\ln(1 - HI_{退役}) - \ln(1 - H_0)}{T_d} \tag{8.9}$$

式中 T_D——设备的设计寿命；

f_1 ——负荷修正系数，约为 1.05；

f_2 ——环境修正系数，约为 1.05；

$HI_{退役}$——设备退役时的健康指数，一般取 0.2。

当设备长时间运行到损耗故障阶段，将零部件的老化纳入考虑范围，引入一个老化系数 μ，μ 的计算方式如下：

$$\mu = \frac{H_i(t)}{H_0} \tag{8.10}$$

随着电主轴长时间的运行，其退化一般遵循指数形式。故经过加权和变量健康指数修正后的电主轴电气部分的性能退化模型为：

$$HI(t) = \mu \times H_i(t) \tag{8.11}$$

$HI(t)$ 为综合运行状态的量化表示，随着电主轴的不断运行，它的变化趋势也呈现出复杂的变化特性。为了能够正确预测电主轴未来的健康状况以及需要维护的时间节点，构建一种能够反映电主轴健康状态的随时间变化的健康指数序列 $HI(t) = \{HI(t_1), HI(t_2), \cdots, HI(t_n)\}$，并建立合适的预测模型来描述此序列。最终得到的电主轴电气部分的性能退化模型为：

$$HI(t) = a \times e^{(k \times t)} \tag{8.12}$$

所以电主轴电气部分的健康指数预测模型为：

$$HI_{电}(t) = a \times \exp(k \times t) \tag{8.13}$$

式中，k 为健康指数预测模型参数。

现在得到了电主轴的电气部分的性能退化模型，前面也已经得到了电主轴机械部分的性能退化模型，接下来要做的就是得到电主轴的性能退化模型。

（3）电主轴的性能退化模型

前面通过将机械部分的轴承的振动作为特征参数得到了电主轴机械部分的性能退化模型。同样，将电气部分的定子电流作为特征参数得到了电主轴电气部分的性能退化模型。根据前面式（8.4）和式（8.13）所得到的电主轴机械部分与电气部分的健康指数预测模型分别如下：

$$\begin{cases} HI_{机}(t) = \exp(a \times t^b) \\ HI_{电}(t) = a \times \exp(k \times t) \end{cases} \tag{8.14}$$

通过对比电主轴的机械部分与电气部分的性能退化模型（健康指数预测模型），可以看出，这两个性能退化模型都服从指数形式的退化模型，不同点是模型参数的区别，对这两个性能退化模型进行模型融合，得到电主轴的综合性能退化模型，综合性能退化模型为：

$$HI(t) = c \times \exp(a \times t^b) \tag{8.15}$$

现在我们得到了电主轴的性能退化模型如式（8.15）所示。可以看出来，当模型参数 $c=1$ 时就是电主轴机械部分的性能退化模型。而当 $b=1$ 时就得到了电主轴电气部分的性能退化模型。现在已经得到了电主轴的性能退化模型，接下来所要做的就是得到模型参数值，使其符合电主轴的性能退化趋势。能够对电主轴进行健康预测与管理，也就能够解决可靠工作时间和故障隐患预判问题。

8.1.3　电主轴系统的可靠工作时间预估方法

（1）贝叶斯法可靠工作时间预估

常规贝叶斯法的流程就是按照贝叶斯估计的基本步骤，先确定模型参数的先验分布 $p(\theta)$，然后确定参数的似然函数，再根据先验分布和似然函数得到联合分布函数，之后再根据贝叶斯公式就可以求得参数的后验分布，这样就可以求出模型参数的估计值了。整个的流程如下所示。

按照贝叶斯估计的一般步骤做常规贝叶斯法可靠工作时间预估，首先对于式（8.2）中的参数 n 选择伽马分布 $\Gamma(\sigma,\tau)$ 作为其共轭先验分布；而参数 m 则没有共轭先验分布。因为电主轴是高可靠性、长寿命产品，因此它的失效率是随时间递增的，所以 $m>1$。这里可以令 $m = m_1 + 1$ 即 $m_1 = m - 1$，那么可取 m_1 先验分布为伽马分布 $\Gamma(\alpha,\beta)$，又因为 n 与 m_1 是相互独立的，因此可以得到 m_1 和 n 的先验分布为：

$$\pi(n,m_1) = \frac{\tau^\sigma \beta^\alpha}{\Gamma(\sigma)\Gamma(\alpha)} n^{\sigma-1} e^{-\tau n} m_1^{\alpha-1} e^{-\beta m_1} \tag{8.16}$$

n 与 m 的似然函数为：

$$L(n,m) = \prod_{i=1}^{k} R(t_i; n, m) = \prod_{i=1}^{k} e^{-nt_i^m} = e^{-n\sum_{i=1}^{k} t_i^m} \tag{8.17}$$

式中，$t_1, t_2, t_3, \cdots, t_k$ 指的是对 k 个实验样本逐个进行定时结尾实验的结尾时间。

令 $M = \sum_{i=1}^{k} t_i^m = \sum_{i=1}^{k} t_i^{m_1+1}$，则式（8.17）变化为：

$$L(n, m_1) = e^{-nM} \tag{8.18}$$

联合分布函数为：

$$h(t_1, \cdots, t_k \mid n, m_1) = L(n, m_1) \times \pi(n, m_1) = \frac{\tau^\sigma \beta^\alpha}{\Gamma(\sigma)\Gamma(\alpha)} n^{\sigma-1} m_1^{\alpha-1} e^{-(nM + \tau n + \beta m_1)} \tag{8.19}$$

则 n，m_1 的联合后验分布为：

$$h(n, m_1 \mid t_1, \cdots, t_k) = \frac{h(t_1, \cdots, t_k \mid n, m_1)}{\iint h(t_1, \cdots, t_k \mid n, m_1)\mathrm{d}n\mathrm{d}m_1} = \frac{n^{\alpha-1} m_1^{\alpha-1} e^{-(nM + \tau n + \beta m_1)}}{(\sigma-1)! \int_0^{+\infty} m_1^{\alpha-1} (M+\tau)^{-\sigma} e^{-\beta m_1} \mathrm{d}m_1} \tag{8.20}$$

由式（8.5）可得 m_1 与 n 的后验分布分别为：

$$h(m_1 \mid t_1, \cdots, t_k) = \frac{m_1^{\alpha-1} e^{-\beta m_1} (M+\tau)^{-\sigma}}{\int_0^{+\infty} m_1^{\alpha-1} e^{-\beta m_1} (M+\tau)^{-\sigma} \mathrm{d}m_1} \tag{8.21}$$

$$h(n \mid t_1, \cdots, t_k) = \int_0^{+\infty} h(n, m_1 \mid t_1, \cdots, t_n)\mathrm{d}m_1 = \frac{n^{\sigma-1} e^{-\tau n} \int_0^{+\infty} m_1^{\alpha-1} e^{-(nM + \beta m_1)} \mathrm{d}m_1}{(\sigma-1)! \int_0^{+\infty} m_1^{\alpha-1} e^{-\beta m_1} (M+\tau)^{-\sigma} \mathrm{d}m_1} \tag{8.22}$$

进而可以得到 m_1 与 n 的后验估计为：

$$\hat{m}_1 = E(m_1 \mid t_1, \cdots, t_k) = \frac{\int_0^{+\infty} m_1^{\alpha} e^{-\beta m_1} (M+\tau)^{-\sigma} \mathrm{d}m_1}{\int_0^{+\infty} m_1^{\alpha-1} e^{-\beta m_1} (M+\tau)^{-\sigma} \mathrm{d}m_1} \tag{8.23}$$

$$\hat{n} = E(n \mid t_1, \cdots, t_k) = \int_0^{+\infty} n \times h(n \mid t_1, \cdots, t_k)\mathrm{d}n = \frac{\sigma \times \int_0^{+\infty} m_1^{\alpha-1} e^{-\beta m_1} (M+\tau)^{-(\sigma+1)} \mathrm{d}m_1}{\int_0^{+\infty} m_1^{\alpha-1} e^{-\beta m_1} (M+\tau)^{-\sigma} \mathrm{d}m_1} \tag{8.24}$$

因为 $m_1 = m - 1$，所以 m 的贝叶斯估计为：

$$\hat{m} = \frac{\int_0^{+\infty} m_1^{\alpha} e^{-\beta m_1} (M+\tau)^{-\sigma} \mathrm{d}m_1}{\int_0^{+\infty} m_1^{\alpha-1} e^{-\beta m_1} (M+\tau)^{-\sigma} \mathrm{d}m_1} + 1 \tag{8.25}$$

又因为 $n = \left(\dfrac{1}{\eta}\right)^m$，所以得到 η 的贝叶斯估计为：

$$\hat{\eta} = \left[\frac{\sigma \times \displaystyle\int_0^{+\infty} m_1^{\alpha-1} \mathrm{e}^{-\beta m_1} (M+\tau)^{-(\sigma+1)} \mathrm{d}m_1}{\displaystyle\int_0^{+\infty} m_1^{\alpha-1} \mathrm{e}^{-\beta m_1} (M+\tau)^{-\sigma} \mathrm{d}m_1}\right]^{-\frac{1}{m}} \tag{8.26}$$

式（8.23）、式（8.24）中涉及四个超参数 σ、τ、α、β，因此必须首先确定四个超参数的值。并且需要通过数值积分来求 $\hat{m}$、$\hat{\eta}$ 的值，从而能够获得性能退化的分布函数 $F(t)$，也就能够得到其概率密度函数 $f(t)$ 分布和机械部分的健康指数 HI。在获得健康指数模型后就可以对电主轴进行可靠工作时间预估。当健康指数退化到某一阈值就认为达到失效节点，就可以在当前时刻 t 得到未来的可靠工作时长。

（2）最小二乘法可靠工作时间预估

最小二乘法可靠工作时间预估的流程就是对 8.1.2 小节得到的电主轴的性能退化模型进行模型参数求解，此处采用最小二乘法来做，用一个多项式去进行曲线拟合。为了保证拟合优度，这里加入一个惩罚函数（loss function）。在惩罚函数值最小的情况下，就能够得到需要的模型参数值。在得到模型参数后，电主轴的性能退化模型也就有了，但是却并不能够描述本文的模型参数有什么样的一个概率分布，而贝叶斯法就可以完成。贝叶斯法就是把任意一个未知参数都看成一个随机变量，然后用一个概率分布去表示它的分布情况，这一个概率分布就被称为先验分布。这样就有了电主轴的性能退化模型，就可以进行可靠工作时间预估，并且还能够得到模型参数的一个概率密度，使电主轴性能退化模型的可靠度更高。

电主轴在运行过程中会产生非常多的退化数据，如振动、电流、电压、温度、噪声等。由于电主轴是一个集机、电、液于一体的高可靠性产品，如果用单一特征量来表征其性能退化过程显得过于单一，所以采用融合加权法对电主轴的多个特征参数进行数据融合来进行健康状态评估。每个特征参数赋予一定的权重，而权重值的大小代表了每个特征参数对设备运行状态的影响的重要性程度，符合情理的权重值分配是用来准确评估电主轴运行状态的依据。序关系分析法是一种把定性分析和定量分析相结合的分析方法，常用于分析确定权重系数的问题中。序关系分析法需要将特征参数进行两两之间的重要性比较，然后再根据专家经验按重要性程度进行排序：$y_1 > y_2 > y_3 \cdots$。再确定相邻两指标 y_{j+1} 和 y_j 间的相对重要性程度，得到各个特征参数的权重系数为：

$$p_{j+1} = \left(1 + \sum_{j=1}^{n-1} \prod_{k=j}^{n-1} \frac{y_j}{y_{j+1}}\right)^{-1} \tag{8.27}$$

$$p_j = \left(\frac{y_j}{y_{i+1}} \right)^{-1} p_{j+1}, \ j = 1, 2, \cdots, n-1 \tag{8.28}$$

式中，p_j 为利用序关系分析法得到的第 j 个特征参数的权重值。

由于序关系分析法权值分配重受个人主观性影响大，因此，为了平衡掉主观性的影响，就需要采用一种客观性的方法来二次加权平衡。这里用熵权法二次平衡分配权重。熵权法是基于特征参数的变异程度，通过信息熵得到各特征参数的熵权，进而获取各特征参数的权重的方法。某项指标的差异越大，熵权越大，表明该指标提供的信息量越大，在评价中所起作用越大，权值就越大。计算公式为：

$$y'_{i,j} = \frac{y_{i,j}}{\sum\limits_{i=1}^{m} y_{i,j}} \tag{8.29}$$

$$e_j = -\frac{1}{\ln} \sum\limits_{i=1}^{m} y'_{i,j} \times \ln y'_{i,j} \tag{8.30}$$

$$q_j = \frac{1-e_j}{n - \sum\limits_{j=1}^{n} e_j} \tag{8.31}$$

式中，$y_{i,j}$ 为样本数据；$y'_{i,j}$ 为第 j 个特征参数下第 i 个样本数据所占比重；m 为样本数据数量；n 为特征参数数量；e_j 为第 j 个特征参数的熵权；q_j 为利用熵权法得到的第 j 个特征参数的权重值。为使组合权重与 p 和 q 尽可能接近以达到主观和客观的统一，建立最小二乘法优化模型来获取组合权重 ω。

$$\min H(\omega) = \begin{cases} \sum\limits_{j=1}^{n} (\omega_j - p_j)^2 + (\omega_j - q_j)^2 \\ \text{s.t.} \sum\limits_{j=1}^{n} \omega_j = 1, \omega_j \geqslant 0, \ j = 1, 2, 3, \cdots, \ n \end{cases} \tag{8.32}$$

融合多状态特征参数的电主轴健康指数预测模型表达式如下：

$$h_i(t) = \sum\limits_{j=1}^{m} \omega_j h_{i,j}(t) \tag{8.33}$$

其中，$h_i(t)$ 为设备的健康指数；m 为特征参数个数；ω_j 为第 j 个特征参数的组合权重，反映了该参数对设备状态的影响，$0 < \omega_j \leqslant 1$，且 $\sum\limits_{j=1}^{m} \omega_j = 1$。

得到健康指数后，对健康指数取对数，得到 lnHI，然后采用最小二乘法去进行曲线拟合，所用多项式为：

$$y_n = \sum_{j=0}^{M} a_j t^j \tag{8.34}$$

同时为了验证公式是否正确，加入一个 loss function（惩罚函数）：

$$E(a) = \frac{1}{2} \sum_{n=1}^{N} [y(t_n, a) - y] \tag{8.35}$$

在 M 值分别取 1,2,3,… 不同值时，得到最小惩罚函数值的情况下，得到我们的最优拟合模型。在得到最优拟合模型后，就可以得到电主轴的性能退化模型，并可以得到我们的模型参数，虽然得到了模型参数，可是并不能够知道模型参数有什么样的概率分布情况。就需要用贝叶斯估计来完成。得到性能退化模型后就可以进行可靠工作时间预估。可靠工作时间 $\Delta t = t_1 - t$。

假设 $\ln HI$ 属于均值为 y_t、方差为 $1/\beta$ 的高斯分布：

$$p(y_n | t, a, \beta) = \prod_{n=1}^{N} N(y_n | y(t_n, a), \beta^{-1}) \tag{8.36}$$

a 属于均值为 a_0、方差为 α 的高斯分布：

$$p(a) = N(a | a_0, \alpha) \tag{8.37}$$

得到后验概率

$$p(a | t, y, \alpha, \beta) \propto p(y | t, a, \beta) \times p(a) \tag{8.38}$$

这样不但能够得到电主轴的性能退化模型，还得到了模型参数，并得到了模型参数的概率分布。现在得到了电主轴的性能退化模型，就可以用它来进行可靠工作时间预估。在当前时刻 t 预测未来可能发生失效的时间节点 t_1，两者之间的差值 $\Delta t = t_1 - t$ 就是我们所要的可靠工作时间（RRT）。

8.2　电主轴系统的故障隐患预判

8.2.1　故障隐患预判技术与方法

在工业生产领域，第一次工业革命之后人类社会进入了大机器时代，其中具有代表性的就是蒸汽机的出现。当时才刚刚进入工业生产，对于设备的故障处理方式都是故障以后再维修。后来为了提高生产效率，于是就产生了流水线形式的生产，这种生产能够加快生产效率，从而能够获得更多的资本积累。但是在提高了生产效率的时候也带来了设备故障的问题，也就带来了停机维修的难题，导致无法生产、带来利润，被社会所淘汰。慢慢地就出现了定期维修，通过定期维修来避免设备故障的发生，防止停机维修造成利润损失。后来，人们发现定期维修虽然避免了事后维修造成的停机大修，但是定期维修同样需要耗费很多的时间、人力、物力与精力。这时候美国开始减少使用定期维修的方式，慢慢地改用预知性维修。所谓预知性维修就是提前知道设备未来可能发生故障的时间节点，提前进行维修。这种维修方式慢慢地被世界各国所发现，并成为当前的研究热点。

美国是最早开始进行发展故障隐患预判技术的国家。美国最早在军事领域着手研究故障隐患预判，并取得了一定的研究成果。后来逐渐应用到航空航天、轮船、航母等众多重要的大型复杂设备上。我国改革开放以后才开始进入故障隐患预判研究的队伍中来，截至目前，我国虽然起步相对较晚，但是在理论研究方面已经和国外很接近，而实际应用中的准确度方面还有很大的进步空间。

我国在故障隐患预判技术领域的发展中历经了三个发展阶段：

① 入门阶段：改革开放后我国开始进入故障隐患预判的研究领域中来，这一阶段数据的记录载体主要是磁带。

② 快速发展阶段：改革开放后到 20 世纪 90 年代后期，由于第三次工业革命，计算机技术的快速发展为故障隐患预判提供了很好的记录与运算方式。并且提供了一种在线监测的方式，不仅能记录更多的监测数据，还能更加快速地运算。在数据分析上也出现了如小波分析等不同的信号分析处理技术，为数据处理提供方便，使得到的数据更加准确可靠。这一阶段向着智能化和快捷化过渡。

③ 网络化阶段：21 世纪初期开始，我国的计算机技术的快速发展、网络化的迅速发展也起到了重要的引领作用，信息技术也是日新月异。同时，传感器的研究与发展也越发成熟，而且信号处理方法也变得越来越多。

截至 21 世纪 20 年代，从改革开放初期的刚入门再到快速发展阶段，最后到现在的网络化阶段，最主要的还是归功于国家政策好。"科学技术是第一生产力"的口号带动了科学技术迅猛发展，以计算机技术、物联网技术为代表的科学技术不断地走在世界前列，使得预测方法越来越可靠，预测精度越来越高，特征信息的提取与处理分析也越来越方便快捷，使得故障隐患预判技术的发展进步非常快。

首先就是传感技术的研究。它是故障隐患预判的基础，目前我国在这方面的发展已经有了很大进步，一些常规数据的监测传感器都具备，并且目前还在研究激光等方面的传感器。

其次就是信号分析与处理技术的研究。得益于计算机技术的快速发展，目前我国的云计算和大数据技术也越发强大，使得我国的信号分析与处理技术也走在了世界前列。并且我国将分析技术的优势的地方与外国的优秀的地方相结合，取其精华去其糟粕，从而形成一套自己的更优秀的方法。

再就是人工智能与专家系统研究。随着提出"中国制造 2025"，我国的智能化程度也越来越高，所以诊断的智能化水平也越来越高。而专家系统是一个智能计算机系统，也就是一个数据库，里面包含了非常多的隐患预判方法和追溯方法，能够利用人类专家的知识和方法来解决相关领域的专业问题。

最后是状态预测。状态预测是可靠工作时间预估、故障隐患预判的前提。故障隐患预判就是在当前健康状态下预测未来可能导致故障发生的原因是什么，并且还得准确把握电主轴的潜在隐患及其程度，能够为未来的维修决策提供帮助。

电主轴的故障隐患预判就是查找电主轴的故障源头，也就是对电主轴进行状态预测以及对未来可能导致故障发生的源头进行追溯。具体进行故障隐患预判的方法目前主要有以下三种：

① 阈值判断法：通过采集传感器数据，通过小波变换或者函数模型对得到的特征参数与它们的阈值进行比较，查看是否处于阈值范围内，超过阈值范围也就证明所测的该参数导致故障的产生。

② 解析模型法：即通过采集传感器数据，然后进行特征参数提取，建立特征参数与设备健康状态之间的映射关系，得到设备的性能退化模型。但这种方法也有自身的缺点，那就是所得到的模型正确性的问题还有待商榷。

③ 经验知识法：这里最具代表性的还是人工智能与专家系统，由于这些智库的不断升级为经验知识法提供了理论基础，有利于故障隐患预判更深入地研究。

8.2.2　电主轴系统的故障隐患预判步骤

本节所做的故障隐患预判，采用的是基于模型参数变化率的电主轴故障隐患预判。如图 8.2 所示，故障隐患预判方面跟前面一样从机械部分与电气部分两方面着手。变频驱动装置方面由于发生故障的可能性非常小，暂不予考虑。因此只从电主轴的主轴电动机方面进行分析。将主轴电动机分为机械部分与电气部分，需要知道是机械部分导致的故障还是电气部分导致的故障。

引用参考文献[132]的电主轴健康状态数据集如图 8.3 所示。

取激光位移数据与电流数据进行曲线拟合，得到激光位移与电流健康模型表达式［式（8.39）］，激光位移健康模型拟合图如图 8.4 所示。

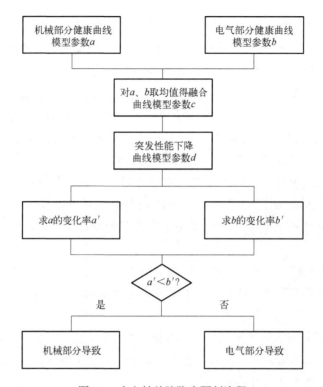

图 8.2　电主轴故障隐患预判流程

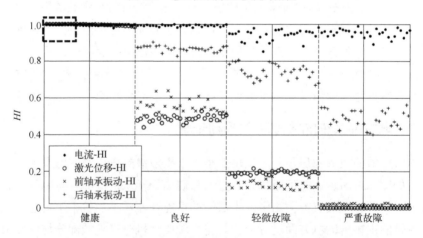

图 8.3　电主轴健康状态数据集

激光位移健康模型表达式为：

$$HI_{位移} = e^{-9.546 \times 10^{-4} x - 0.07129} \tag{8.39}$$

激光位移健康模型图如图 8.5 所示。

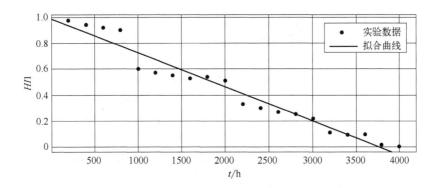

图 8.4 激光位移健康模型拟合图

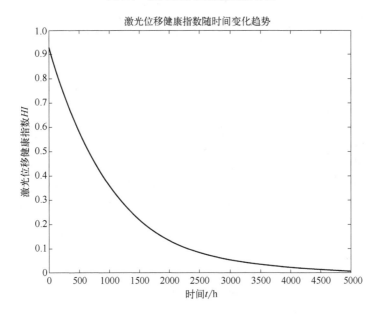

图 8.5 激光位移健康模型图

电流健康模型拟合图如图 8.6 所示。

电流健康模型表达式为：

$$HI_{电流} = e^{-6.16 \times 10^{-5} x - 0.03275} \tag{8.40}$$

电流健康模型图如图 8.7 所示。

分别对激光位移与电流的健康模型中的模型参数取平均得到新的健康模型：

$$HI_{融合} = e^{-5.081 \times 10^{-4} x - 0.052} \tag{8.41}$$

将激光位移模型图、电流模型图和新得到的模型图放到一起如图 8.8 所示。

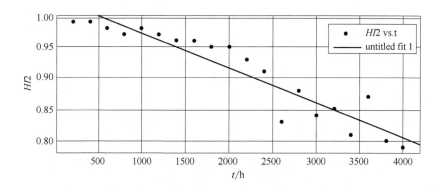

图 8.6　电流健康模型拟合图

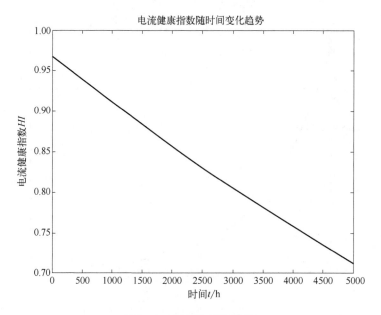

图 8.7　电流健康模型图

　　电主轴随着时间的不断运行，在将来的某一时间段突然出现性能下降，得到的性能下降后的曲线图如图 8.9 所示。

　　得到的性能下降的健康模型表达式为：

$$HI_{下降} = e^{-6.927×10^{-4}x-0.02447} \tag{8.42}$$

　　求 a 与 b 的变化率：

$$a' = \frac{6.927×10^{-4} - 9.546×10^{-4}}{-9.546×10^{-4}} = 0.274$$

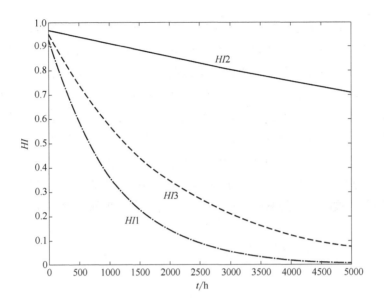

图 8.8　三线图

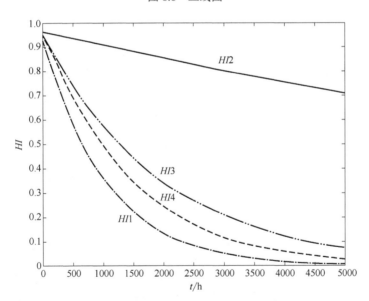

图 8.9　性能下降曲线图

$$b' = \frac{-6.927 \times 10^{-4} + 6.16 \times 10^{-5}}{-6.16 \times 10^{-4}} = 1.024$$

从 a 与 b 的变化率结果来看 $b' > a'$，说明电流曲线从正常变化为下降曲线会发生非常大的变化，而激光位移曲线从正常状态突变为下降曲线发生的变化则没有那么大，证明了由于振动而导致的激光位移发生变化更贴近下降状态的健康模型，从而更有可能导致此故障的发生。而电流曲线与下降状态的健康模型差距甚远，很难导致此故障的发生。也就是说如果将来某一时刻突然出现故障，最有可能是振动而导致故障的发生，而非电流。也就是说对于电主轴而言，机械部分的振动要比电气部分更可能使电主轴发生故障，因而要加强对电主轴机械部分振动数据的监测，以防故障的发生。这个结论也与从图 8.9 中看到的一样，图中可以看出激光位移等振动信号的健康指数变化比较剧烈，而电流的健康指数变化波动非常小。也就证明了对于电主轴而言，由于振动而导致故障发生的概率更高，由于电流而导致故障发生的概率较小，这完全符合电动机的故障特征。

参考文献

［1］小聂. 高端装备制造业发展趋势前瞻［J］. 中国设备工程，2015（01）：16-19.

［2］李明轩，张加特，雷超帆. 数控机床的发展现状及趋势［J］. 科学与财富，2015（7）：194.

［3］侯晓东，王永攀，杨江平，等. 基于状态的武器电子装备故障预测研究综述［J］. 系统工程与电子技术，2018，40（02）：360-367.

［4］施权，胡昌华，司小胜，等. 考虑执行器性能退化的控制系统剩余寿命预测方法［J］. 自动化学报，2019，45（05）：941-952.

［5］吕刚德，杨占才. 故障预测与健康管理系统建模技术研究［J］. 测控技术，2011（01）：59-63.

［6］王勇. PHM 技术在水雷装备维修保障中的应用研究［J］. 中国科技博览，2015（10）：228.

［7］李祺，黄道清，王文娟. 导弹 BIT 技术探讨及应用展望［J］. 飞航导弹，2011（11）：31-36.

［8］贾慧，胥辉旗，屈清林. 基于 PHM 的舰船装备维修保障研究［J］. 仪器仪表用户，2006，13（3）：8-10.

［9］孙博，康锐，谢劲松. 故障预测与健康管理系统研究和应用现状综述［J］. 系统工程与电子技术，2007（10）：1762-1767.

［10］GUO L，LI N，JIA F，et al. A recurrent neural network based health index for remaining useful life prediction of bearings［J］. Neurocomputing，2017，240：98-109.

［11］ZHAO W，TAO T，DING Z S，et al. A dynamic particle filter-support vector regression method for reliability prediction［J］. Reliability Engineering System Safety，2013，119：109-116.

［12］CHEN C C，VACHTSEVANOS G，ORCHARD M E. Machine remaining useful life prediction：An integrated adaptive neuro-fuzzy and high-order particle filtering approach［J］. Mechanical Systems& Signal Processing，2012，28：597-607.

［13］冯磊，王宏力，司小胜，等. 基于半随机滤波-期望最大化算法的剩余寿命在线预测［J］. 航空学报，2015，36（02）：555-563

［14］翟利波，韩宁. 基于卡尔曼滤波的剩余寿命预测模型［J］电子科技，2013（09）：28-30.

［15］ESCOBET T，QUEVEDO J，PUIG V. A fault/anomaly system prognosis using a data-driven approach considering uncertainty[C]//The 2012 International Joint Conference on Neural Networks（IJCNN）. New York:IEEE，2012：1-7.

［16］MEEKER W Q，ESCOBAR L A，LU C J. Accelerated degradation tests: Modeling and analysis［J］. Technometrics，1998，40（2）：89-99.

［17］林伟杰. 基于粒子滤波的多部件退化建模与剩余寿命预测方法研究［D］. 成都：电子科技大学，2018：46-65.

［18］蒋喜，刘宏昭，訾佼佼，等. 基于伪寿命分布和 Bayes 法的电主轴可靠性对比［J］. 机械科学与技术，2014，33（11）：1694-1699.

［19］蒋喜，刘宏昭，訾佼佼，等. 基于 Bayes 法的电主轴极小子样可靠性研究［J］. 振动与冲击，2015，34（04）：121-127.

［20］LIU Y，LI Y F，HUANG H Z，et al. Optimal preventive maintenance policy under fuzzy Bayesian reliability assessment environments［J］. IIE Transactions，2010，42（10）：126-132.

［21］SARHAN A. Non-parametric empirical Bayes procedure ［J］. Reliability Engineering& System Safety，2003，80（2）：115-122.

［22］TAHERI S M，ZAREI R. Bayesian system reliability assessment under the vague environment［J］. Applied Soft Computing，2011，11（2）：1614-1622.

［23］杨斌. 基于性能退化的电主轴可靠性评估［D］. 长春：吉林大学，2018：46-65.

［24］SI Z，FAN L，JIA Z，et al. Research on reliable running time of motorized spindle based on health index ［J］. IOP Conference Series：Materials Science and Engineering，2021，1009（1）：012055.

［25］朱德馨，刘宏昭，原大宁，等. 高速磨削电主轴可靠性加速寿命试验分析［J］. 机械强度，2013，35（04）：493-497.

［26］刘智键，刘宝林，胡远彪. 基于蒙特卡罗方法的机床主轴可靠性预测［J］. 组合机床与自动化加工技术，2018，42（2）：34-36，42.

［27］张宝珍. 国外综合诊断、预测与健康管理技术的发展及应用［J］. 计算机测量与控制，2008（05）：591-594.

［28］JAYARAM J S R，GIRISH T. Reliability prediction through degradation data modeling using a quasi-likelihood approach ［J］. Journal of Chemica lTech-Nology& Biotechnolog，2005，83（5）：410-415.

［29］NAUCK M A，HEIMESAAT M M，ORSKOV C，et al. Preserved incretin activity of glucagon-like peptide 1 ［7-36 amide］ but not of synthetic human gastric inhibitory polypeptide in patients with type-2 diabetes mellitus ［J］. Journal of Clinical Investigation，1993，91（1）：301-307.

［30］BABU R，HUANG P P，EPSTEIN F，et al. Late radiation necrosis of the brain：Case report ［J］. Journal of neuro-oncology，1993，17（1）：37-42.

［31］年夫顺. 关于故障预测与健康管理技术的几点认识［J］. 仪器仪表学报，2018，39（08）：1-14.

［32］鲁照权，陶剑峰，王渭. 基于健康因子的电池电量估算［J］. 电源技术，2018，42（11）：1615-1617.

［33］庞景月，马云彤，刘大同，等，锂离子电池剩余寿命间接预测方法［J］. 中国科技论文，2014，9（01）：28-36.

［34］张凤霞，米根锁. 基于健康指数的轨道电路设备寿命预测方法的研究［J］. 铁道学报，2015，37（12）：61-66.

［35］史常凯，宁昕，孙智涛，等. 基于设备实时健康指数的配电网风险量化评估［J］. 高电压技术，2018，44（2）：534-540.

［36］杨春波，陶青，张健，等. 基于综合健康指数的设备状态评估［J］. 电力系统保护与控制，2019，47（10）：104-109.

［37］JIA Z W，FAN L T，ZHU C X，et al. Performance diagnosis of the drive unit for high speed motorized spindle based on hidden state mapping model［J］. IOP Conference Series Materials Science and Engineering，2021，1009：012026.

［38］GERBER T，MARTIN N，MAILHES C. Time-frequency tracking of spectral structures estimated by a data-driven method ［J］. IEEE Transactions on Industrial Electronics，2015，62（10）：6616-6626.

［39］陈少将. 基于故障预测信息的维修资源优化决策技术与系统［D］. 长沙：国防科学技术大学，2010：16-32.

［40］李正元. 高铁动车组故障预测与健康管理关键技术的研究［J］. 中国战略性新兴产业，2018，（12）：146.

［41］朱帅军 . 高铁动车组故障预测与健康管理关键技术的研究［D］. 北京：北京交通大学，2016：43-62.

［42］彭伟 . 基于故障诊断与可靠性分析的机械系统预防维修研究［D］. 成都：电子科技大学，2016：32-55.

［43］杨桂霞，马忠臣 . 现代设备维修策略与维修技术综述［J］. 机械工程师，2008（12）：15-17.

［44］林丽，马孝江 . 基于预知维修的设备管理决策支持系统的设计［J］. 机械，2004（04）：13-15.

［45］王双娥 . 基于支持向量机的小样本事件预测［D］. 武汉：华中科技大学，2012：5-12.

［46］张宇迪，李政伟 . 燃气轮机预测与健康管理技术分析［J］. 工程技术（全文版），2016（9）：00113.

［47］任茹菲 . 燃气轮机预测与健康管理关键技术研究［D］. 西安：西安电子科技大学，2019：26-35.

［48］张叔农，康锐 . 数据挖掘技术在航空发动机 PHM 中的应用［J］. 弹箭与制导学报，2008，028（001）：167-170.

［49］马雁春 . 基于数据挖掘的航空 PHM 中预测方法的研究［D］. 南京：南京航空航天大学，2010：7-13.

［50］周俊 . 数据驱动的航空发动机剩余使用寿命预测方法研究［D］. 南京：南京航空航天大学，2017：6-15，28-33，56-72.

［51］郭阳明，蔡小斌，张宝珍，等 . 新一代装备的预测与健康状态管理技术［J］. 计算机工程与应用，2008，044（013）：199-202，248.

［52］DAI Y，WANG H，KHAN F，et al. Abnormal situation management for smart chemical process operation［J］. Current opinion in chemical engineering，2016，14：49-55.

［53］JI B，PICKERT V，CAO W. In Situ Diagnostics and prognostics of wire bonding faults in IGBT modules for motorized vehicle drives［J］. IEEE Transactions on Power Electronics，2013，28（12）：5568-5577.

［54］TRABELSI M，BOUSSAK M，GOSSA M. PWM-switching pattern-based diagnosis scheme for single and multiple open-switch damages in VSl-fed induction motor drives［J］. ISA transactions，2012，51（2）：333-344.

［55］张丽秀，李超群，李金鹏，等 . 高速高精度电主轴温升预测模型［J］. 机械工程学报，2017，53（23）：129-136.

［56］汪苗 . 交流电机及其负载的模拟方法研究［D］. 合肥：合肥工业大学，2019：24-27.

［57］王洪畅 . 石材雕刻五轴数控加工刀轴矢量平滑控制算法研究［D］. 沈阳：沈阳建筑大学，2019：23.

［58］潘冬宁 . 基于 TMS320F2812 的电动变桨控制器设计研究［D］. 兰州：兰州交通大学，2010：55.

［59］MINEBEA MITSUMI Inc.；Patent issued for motor drive control device and control method for motor drive control device（USPTO 10，797，626）［J］. Journal of Engineering，2020，17（37）：27.

［60］LOUDERBACK E R，ANTONACCIO O. New applications of self-control theory to computer-focused cyber deviance and victimization：A comparison of cognitive and behavioral measures of self-control and test of peer cyber deviance and gender as moderators［J］. Crime & Delinquency，2021（3）：66-70.

［61］KUMAR P M M，KANTH A S V R. A numerical approach for solving nonlinear singularly perturbed boundary value problem arising in control theory［J］. Journal of Applied Nonlinear Dynamics，2018，10（1）：72-74.

［62］张春林 . 中厚板矫直模拟及工艺优化［D］. 武汉：武汉科技大学，2010：67-72.

［63］KUVALDIN A B，FEDIN M A，GENERALOV I M，et al. Energy-efficient thyristor frequency converter with relay-frequency energy regulation for induction furnace［J］. IOP Conference Series：Earth and Environmental Science，2018，194（5）：34-41.

［64］Continental Teves AG &Co. oHG；Patent issued for inductive position sensor with frequency converter and goertzel filter for analyzing signals（USPTO 10，060，764）[J]. Journal of Engineering, 2018：17-20.

[65] 韩景薇. 基于空间矢量调制的 DTC 交流变频调速实验平台研究 [D]. 哈尔滨：哈尔滨工业大学，2012：89-92.

[66] 王永杰，陈伟华. 基于电流滞环跟踪型 PWM 逆变器的异步电动机间接矢量控制 [J]. 电机与控制应用，2013，40（03）：20-23，29，45-47.

[67] SINGH N，AGARWAL V. A new random spwm technique for AC-AC converter-based WECS [J]. Journal of Power Electronics，2015，15（4）：33.

[68] 边顺甬. 基于 SPC 1068 的永磁同步电机伺服控制系统设计 [D]. 南京：东南大学，2018：77.

[69] 唐全胜，张永，张晓. 变频器常见故障分类分析与处理 [C] //中国硅酸盐学会自动化分会. 水泥工业节电和变频技术研讨会论文集. 北京：中国硅酸盐学会自动化分会，2011：3.

[70] HEGDE V，RAO M G S. Detection of stator winding inter-turn short circuit fault in induction motor using vibration signals by MEMS accelerometer [J]. Taylor & Francis，2017，45（13）：43.

[71] 刘卉圻. 异步电机定子绕组匝间短路故障建模与检测方法研究 [D]. 成都：西南交通大学，2014：56-60.

[72] 崔广慧. 感应电动机绕组匝间短路与缺相运行时电磁场特性分析 [D]. 哈尔滨：哈尔滨理工大学，2016：22.

[73] 史文凡. 电动汽车用异步电机矢量控制系统研究 [D]. 镇江：江苏大学，2018：22-25.

[74] 翟影，俞建定，陈帅帅，等. 永磁同步电机矢量控制系统的建模仿真研究 [J]. 无线通信技术，2019，28（03）：23-27.

[75] 李翀元. 基于参数自修正的永磁同步电机最大转矩电流比控制 [D]. 天津：天津工业大学，2019：10-13.

[76] 周桂煜. 三相感应电机电磁噪声、电流谐波和附加损耗的分析与抑制 [D]. 杭州：浙江大学，2018：47-50.

[77] 刘会芝. 感应电机定子故障诊断方法研究 [D]. 长沙：长沙理工大学，2013：89-93.

[78] 刘卉圻，韩坤，苟斌，等. 异步电机定子绕组匝间短路故障建模与分析 [J]. 机车电传动，2013，17（23）：52-55.

[79] GAO C X，HAO C，ZHAO Y B. Detection and analysis of stator winding inter-turn short circuit fault in permanent magnet linear synchronous motor [J]. Advanced Materials Research，2012，21（14）：18-23.

[80] 冷俊桦. 电动式主动吸振器的研制及性能分析 [D]. 镇江：江苏大学，2018：44.

[81] 杜杏. 高速轴向磁力驱动机构机械与磁学性能分析及试验台设计 [D]. 武汉：武汉纺织大学，2011：27.

[82] 宋岭举. 共振型磁弹性传感器检测系统的优化设计 [D]. 重庆：重庆大学，2015：22.

[83] 武伟康. 牵引网导线内阻抗频变参数计算的研究 [D]. 南昌：华东交通大学，2019：37.

[84] 宋洪珠. 直驱风力永磁同步发电机电磁设计与运行特性分析 [D]. 重庆：重庆大学，2011：77.

[85] 张翔宇. 行车荷载和温度作用下的沥青路面表面开裂研究 [D]. 长沙：湖南大学，2007：83.

[86] 李双双. 笼型异步电动机多故障仿真模型的建立及诊断方法研究 [D]. 太原：太原理工大学，2017：94.

[87] YANG B S. An intelligent condition-based maintenance platform for rotating machinery [J]. Expert Systems with Applications，2012，39（3）：2977-2988.

[88] CIAPPA M. Selected failure mechanisms of modern power modules [J]. Microelectronics & Reliability，2002，42（4/5）：653-667.

[89] 刘丹. 重复过流冲击下 IGBT 退化的在线监测 [D]. 杭州：浙江大学，2016：24-27.

[90] ELEFFENDI M A，JOHNSON C M . In-service diagnostics for wire-bond lift-off and solder fatigue of

power semiconductor packages [J]. IEEE Transactions on Power Electronics，2017，32（9）：7187-7198.

［91］SMET V，FOREST F，HUSELSTEIN J J，et al. Ageing and failure modes of IGBT modules in high-temperature power cycling [J]. IEEE Transactions on Industrial Electronics，2011，58（10）：4931-4941.

［92］ARAB M，LEFEBVRE S，KHATIR Z，et al. Experimental investigations of trench field stop IGBT under repetitive short-circuits operations [C] // Power Electronics Specialists Conference. New York：IEEE，2008：4355-4360.

［93］蒋云鹏，陈茂银，周东华. 带隐含退化过程非线性动态系统预测维护策略 [J]. 华中科技大学学报（自然科学版），2009，37（S1）：14-17.

［94］谷雯 基于系统辨识的动态过程健康度监测与诊断 [D]. 杭州：浙江大学，2019：23-43.

［95］刘伯鸿，连文博，李婉婉. 基于 RBF-ARX 模型的高速列车预测控制器设计 [J]. 北京交通大学学报，2019，43（05）：73-79.

［96］薛丽敏. 煤气混合建模方法的研究 [D]. 沈阳：东北大学，2013.

［97］杨世铭，陶文铨. 传热学 [M]. 4 版.北京：高等教育出版社，2006.

［98］丁稀年. 大型电机的发热与冷却 [M]. 北京：科学出版社，1992.

［99］颜景博. 双水内冷同步调相机水路堵塞时定子发热问题研究 [D]. 哈尔滨：哈尔滨理工大学，2020：22-24.

［100］JIANG X，ZHANG X，ZHANG Y X，et al. Piezoelectric active sensor self-diagnosis for electromechanical impedance monitoring using-means clustering analysis and artificial neural network [J]. Shock and Vibration，2021（09）：1-4.

［101］SAID M，TAOUALI O，JIANG Q C. Improved dynamic optimized kernel partial least squares for nonlinear process fault detection [J]. Mathematical Problems in Engineering，2021（09）：2-8.

［102］池兰夏. 热冬冷地区太阳能溶液除湿辐射空调系统的设计及模拟 [D]. 沈阳：沈阳建筑大学. 2016.

［103］徐梦圆. 高速电主轴损耗分析及实验研究 [D]. 沈阳：沈阳建筑大学，2013.

［104］康辉民，李会强，刘德顺，等. 谐波电流对高速电主轴动态性能的影响 [J]. 机械研究与应用，2012，25（6）：4-7.

［105］陈维进，查云飞，王弘，等. 应用层次分析法和德尔菲法构建医学图像存档与传输系统评估指标体系 [J]. 生物医学工程与临床，2013，（5）：97-502.

［106］宾光富，李学军，楚万文. 基于模糊层次分析法的设备状态系统量化评价新方法系统工程理论与实践 [J]. 2010，30（4）：744-750.

［107］马跃先，王梁，原文林，等. 基于模糊层次分析的水轮机选型研究及应用[J]. 水力发电学报，2013. 32（2）：261-264.

［108］廖瑞金，王谦，骆思佳，等. 基于模糊综合评判的电力变压器运行状态评估模型 [J]. 电力系统自动化，2008，32（3）：70-75.

［109］罗毅，李昱龙. 基于熵权法和灰色关联分析法的输电网规划方案综合决策 [J]. 电网技术，2013，37（1）：77-81.

［110］丁晓琴，张德生. 基于 AHP 和 CRITIC 综合赋权的 K-means 算法 [J]. 计算机系统应用，2016（7）：182-186.

［111］骆思佳，廖瑞金，王有元，等. 带变权的电力变压器状态模糊综合评判 [J]. 高电压技术，2007，

33（8）：106-110.

[112] 区靖祥，邱健德. 多元数据的统计分析方法［M］. 北京：中国农业科学技术出版社，2002.

[113] 高惠璇. 应用多元统计分析［M］. 北京：北京大学出版社，2005.

[114] 李永锋，朱丽萍. 基于模糊层次分析法的产品可用性评价方法［J］. 机械工程学报，2012，48（14）：183-191.

[115] 潘俊，张宗禹，关昊鹏，等. 地下水源热泵热源井布设合理性评价指标体系［J］. 沈阳建筑大学学报（自然科学版），2016（3）：560-568.

[116] 吴亚丽，胡克瑾. 基于模糊综合方法的高校信息化评价研究［J］. 教育理论与实践，2010，30（21）：7-9.

[117] 杨纶标，高英仪. 模糊数学原理及其应用［M］. 广州：华南理工大学出版社，2011.

[118] 刘华. 基于费歇贡献图的故障诊断方法研究［J］. 机械与电子，2012（2）：32-35.

[119] 陈陌，郭亚军，于振明. 改进型序关系分析法及其应用［J］. 系统管理学报，2011（03）：99-102.

[120] 董兴辉，张鑫淼，郑凯，等. 基于组合赋权和云模型的风电机组健康状态评估［J］. 太阳能学报，2018，39（08）：2139-2146.

[121] 李彪. 配网设备状态检修辅助决策系统的设计与开发［D］. 北京：华北电力大学，2013：32-46.

[122] 李建国，张杰，古阳. 机械故障诊断［M］. 北京：化学工业出版社，2012：43-58.

[123] 孙博雅，张志新，张莉瑶，等. 往复式压缩机曲轴箱在线监测与故障诊断系统设计［J］. 工业控制计算机，2009，22（10）：34-35.

[124] 田敬刚，王京先，栾兆华. 设备在线监测与故障诊断系统开发［J］. 冶金设备，2020（02）：49-51，60.

[125] 宋晓美. 滚动轴承在线监测故障诊断系统的研究与开发［D］. 北京：华北电力大学，2012：46-56.

[126] 谭宏宇. 基于网络的数控设备远程故障诊断专家系统的研究［D］. 沈阳：沈阳工业大学，2010：33-51.

[127] 王建国. 煤矿设备信息化管理系统［J］. 露天采矿技术，2014，11（6）：29-32.

[128] 全睿，全书海，谢长君，等. 燃料电池发动机故障诊断专家系统设计与研究［J］. 武汉理工大学学报（交通科学与工程版），2011，35（02）：280-284.

[129] 安治永，李应红，苏长兵. 航空电子设备故障诊断技术研究综述［J］. 电光与控制，2006，13（3）：5-10.

[130] 许域菲，姜斌，齐瑞云，等. 基于模糊T-S自适应观测器的近空间飞行器故障诊断与容错控制［J］. 东南大学学报（自然科学版），2009，39（S1）：189-194.

[131] 杨艺芳. SVM和FCM相结合的故障诊断方法的研究［D］. 西安：西安科技大学，2008：41-56.

[132] 李强. 基于多传感器数据融合的电主轴健康状态评估［D］. 长春：吉林大学，2019：66-82.